circular inlet and narrow entrance. A fjord is a particularly steep bay shaped by glacial activity.

A bay can be the estuary of a river, such as the Chesapeake Bay, an estuary of the Susquehanna River. Bays may also be nested within each other; for example, James Bay is an arm of Hudson Bay in northeastern Canada. Some large bays, such as the Bay of Bengal and Hudson Bay, have varied marine geology.

The land surrounding a bay often reduces the strength of winds and blocks waves. Bays may have as wide a variety of characteristics as other shoreline. In some cases, bays have beaches, which "are usually characterized by a steep upper foreshore with a broad, flat fronting terrace." Bays were significant in the history of human settlement because they provided safe places for fishing. Later they were important in the development of sea trade as the safe anchorage they provide encouraged their selection as ports.

Kaffir Lime

Cymbopogon, variously known as lemongrass, barbed wire grass, silky heads, Cochin grass or Malabar grass or oily heads, is a genus of Asian, African, Australian, and tropical island plants in the grass family.[5][6][7][8] Some species (particularly Cymbopogon citratus) are commonly cultivated as culinary and medicinal herbs because of their scent, resembling that of lemons (Citrus limon). Other common names include barbed wire grass, silky heads, citronella grass, cha de Dartigalongue, fever grass, and many others. The name cymbopogon derives from the Greek words kымbe (boat) and pogon (beard) which mean [that] in most species, the hairy spikelets project from boat-shaped spathes.

Perilla

consisting of ... escens and a few wild species in nature belonging to the mint family, Lamiaceae. The ge... distinct varieties of ... crop, including P. frutescens (deulkkae) and P. frutescens var. crispa (shiso).[1] The genu... frequently employed ... to all species.[2][3] Peril... le and intra-specific ... utally.[1] ... Some ... are conside...

Stevia

...gar substitute derived from the leaves of the plant ...ative to Brazil and Paraguay. The active compounds ...y stevioside and rebaudioside, which have 30 to 150 ..., are heat-stable, pH-stable, and not fermentable.[4] The body does not metabolize ...alories like some artificial sweeteners. Stevia's taste has a slower onset and longer du... ...racts may have a bitter or licorice-like aftertaste at high concentrations.

...a food additive or dietary supplement varies from country to country. In the United States, ...cts have been generally recognized as safe (GRAS) ... are allowed in food products, ...racts do not have GRAS or Food and Drug Adm... approval for use in food.[5] The ...stevia additives in 2011, while in Japan stevia ha... a sweetener for decades.

Stevia is a sweetener and sugar substitute derived from the leaves of the plant species ... rebaudiana, native to Brazil and Paraguay. The active compounds are steviol glycosides ...ioside and rebaudioside), which have 30 to 150 times the sweetness of sugar, are he... ... and not fermentable. The body does not metabolize the glycosides in stevia, zero calories like some artificial sweeteners. Stevia's taste has a slower onset and longer ... than that of sugar, and some of its extracts may have a bitter or licorice-like aftertast... concentrations.

The legal status of stevia as a food additive or dietary supplement varies from country to country. In ... States, high-purity stevia glycoside extracts have been generally recognized as safe (GRAS) since 200... allowed in food products, but stevia leaf and crude extracts do not have GRAS or Food and Drug Ad... (FDA) approval for use in food.[5] The European Union approved stevia additives in 2011, while in... has been widely used as a sweetener for decades.

Saffron

...num. They are native to ... in Indonesia, and ... available ...fferent harvest seasons in

香草季节

SEASONAL VEGETABLE DISHES WITH HERBS | 蔬食料理 |

Julia

蔡怡贞 / 著

中国轻工业出版社

图书在版编目（CIP）数据

香草季节蔬食料理 / 蔡怡贞著. —北京：中国轻工
业出版社，2021.12
ISBN 978-7-5184-3320-9

Ⅰ.①香… Ⅱ.①蔡… Ⅲ.①蔬菜—菜谱
Ⅳ.①TS972.123

中国版本图书馆 CIP 数据核字（2020）第 259478 号

责任编辑：方晓艳　　　　责任终审：高惠京　　整体设计：锋尚设计
策划编辑：史祖福　方晓艳　责任校对：宋绿叶　　责任监印：张　可

出版发行：中国轻工业出版社（北京东长安街6号，邮编：100740）
印　　刷：艺堂印刷（天津）有限公司
经　　销：各地新华书店
版　　次：2021年12月第1版第1次印刷
开　　本：720×1000　1/16　印张：21.75
字　　数：410千字
书　　号：ISBN 978-7-5184-3320-9　定价：98.00元
邮购电话：010-65241695
发行电话：010-85119835　传真：85113293
网　　址：http://www.chlip.com.cn
Email：club@chlip.com.cn
如发现图书残缺请与我社邮购联系调换
201108S1X101ZYW

尽情享受香草所带来的美味时光

与Julia（蔡怡贞）老师相识十多年了，在她的博客及Facebook（脸书）粉丝页中，经常可以看到一道道美味的香草佳肴。特别是Julia老师充满创意的呈现与无限变化的巧手，总是令人垂涎三尺，有极大的冲动，想一品这人间美味。Julia老师对香草植物的研究非常透彻，我们也曾经一起合作出书，读者往往对那充满幸福感的佳肴，心动不已，也因为如此，说我是Julia老师的头号粉丝，真是一点也不为过。

香草植物可以运用在料理、茶饮、芳香、健康、园艺、花艺、工艺、染色等生活各个方面，其中又以料理的接受度最高。无论是荤食或蔬食，都可以通过食用性香草来增添料理的美味；更可以为平凡的生活添加许多乐趣。Julia老师使用最平凡的食材，却创造出百道风味独特的香草料理，更附上解说详细的食谱，让我们能在日常生活中就可以感受香草的美味，更是香草爱好者的一大福音。

我认识许多香草同好，在参加过Julia老师的餐会后，总是感叹料理竟然可以如此美丽与美味，再加上幽雅的环境及智慧型厨房，Julia老师的课程中总是给人留下最美好的回忆。此次Julia老师特别公开她餐会中最令人惊艳的一面，让所有的同好，除了感受最美味的时光，更有畅游香草国度的惊喜。本书中将香草料理，区分为春、夏、秋、冬四个季节，通过不同季节的食材与香草搭配，可说是为读者带来香草四季的不同感受。

我推广香草二十多年，致力于将香草植物生活化，也与Julia老师合作多年，从本书中可以感受到她的用心与专注。在重视美食文化的今日，Julia老师开创了崭新的饮食文化。通过她的用心，除了料理的本身色香味俱全外，读者更可借此学习到食用性香草的运用技巧；通过她的专注，也让我们体会到专业技术与生活美学的共通性，进而提升我们的美好生活。感谢Julia老师，我将永远会是你最忠实的读者与头号粉丝。

台湾香草家族学会 荣誉理事长 尤次雄

香草是大自然的浪漫香料

我一直很迷恋各种香草食品及料理，那是大自然的浪漫馈赠，除了让人心旷神怡之外，更是养生的自然香料。香草除了在种植上需要不同的照顾，在料理上也要依照季节及食材的搭配得宜才能展现美味。

我虽然喜爱香草料理，但是要自己制作还真是毫无头绪！常常混搭到破坏了原本好好的一道菜，所以每次女儿看见我拿着剪刀走到阳台时，都会紧张地制止我去剪香草。

自从在主持的料理节目中认识了Julia老师，我惊艳于香草在她手中的变化。而且当我把老师的料理带回家给女儿吃的时候，女儿就说这种才是真正的香草料理啊！这次Julia老师很细心地将不同风味的香草依照季节的变换做了很多的料理，让大家可以在老师的指导下制作出保持风味的特色香草料理，真是太让人期待了！

资深演艺主持人 谭艾珍

以香草为经、料理为纬的日记

时光看似轻悄无声，却将过往堆叠成深厚的回忆。谢谢曾参加"香草料理餐会"的每一位朋友。若说这五六年来Julia曾带给你们来自味蕾或内心的点滴感动，必须说那是一种反馈，因为某部分的Julia是由你们塑造而成的。而严格来说"香草满屋"并非料理教室，而是一个以香草为经、料理为纬，借由光阴之手编织成册，扉页交揉着馨香、欢乐与温情的香草日记，而这本日记，是由我们共同写成的。这点是我当初始料未及的，欣然走至此境，十分感恩身边的人事遇合。

此书主要集结自2013～2018年这五年来的香草料理餐会精华。除了食谱，也包含花园种植手札、异国旅行回忆及餐会间温暖有趣的小故事，当然少不了食谱中的灵魂——香草和香料的介绍。介绍包含其特性及种植注意事项，并详列每款香草的料理好伙伴。

春夏秋冬四季，从前菜至甜点近百道料理，大部分皆为简易味美的日常料理。不论是小家庭的三四道简食，还是大型聚会的数十道餐食，相信都能令主客心生欢悦。

我想这应该是我个人的最后一本香草食谱，并非是我对香草的热爱减少，而是期盼除了料理，能推广香草植物运用至生活的更多方面。从个人香氛保健至居家空间的香氛与布置，甚至是通过植物引领与心灵产生更深连接的可能性。这些都是我未来会持续关注的方向。

2019年，我开始学习陶艺，念头始于想让参加料理餐会的朋友们，都能用我亲手捏制的陶器皿，来盛装香草餐食。陶盘上的香草姿态各异，皆来自于Julia亲手种植的香草。这也正是我心里，香草生活美学的延伸。

最后，期待与你相遇在"香草满屋"。

香草生活家 蔡怡贞

⋎ 目录 ⋎

Chapter 1 我与香草在生命的转弯处，遇见

Chapter 2 唤醒春日飨宴

春季香草

春季百花绽放餐会

目录

Chapter 3 夏日香草厨房

夏季香草

悠游托斯卡纳的艳阳

欧亚融合风格香草餐会

目录

Chapter 4 秋意交响乐

目录

Chapter 5 冬季丰藏庆典

我与香草在生命的转弯处，遇见

Chapter 1

生活拥有不设限的美好

与香草的彼此疗愈

回想起来，我不太确定十五六年前，那一场初发的恐慌症，是不明就里地发生，还是在承担着日积月累的生活压力下，最后一根稻草终于压垮了骆驼。那症状若潮水般说来就来，日常生活中，不论是在吃饭或者开车，一阵由脊椎流窜至头皮的类电流感瞬间来袭之后，我便犹如热锅上的蚂蚁，开始有种想落荒而逃，却又无处可逃之感，呼吸急促、全身细胞紧绷，感觉死神随侍在侧。

那种身处地雷遍布周围般的日子，让我吃不下也睡不着，体态瞬间恢复至婚前般纤细，然而这却只能以憔悴来形容。后来，我开始定期走进医院，向医生求助，所幸我遇见一位有缘的好医生，诊疗一段时间之后，恐慌发作的频率越来越低。但我心里是明白的，仅靠西医咨询服药治疗，仍是治标不治本。暗夜里，总感觉有头兽在暗处潜伏，随时准备伺机而动。

于是这段时间，除了信仰的支持力量，我也开始接触另类疗法领域。上了英国灵性彩油（AUROSOMA）及彩光针灸课程，也定期服用花精以及进行灵气远距疗法。同时，在这段时间，我不知不觉地受到香草植物吸引。说来奇怪，恐慌症尚未发作之前，我也是每周都会到内湖花市晃晃，但为何那时从没发现香草的魔力呢？总之，有那么一回，我来到花市一个专售香草的园艺店，看着、摸着这些香气独一无二的香草，在老板的热心介绍之下，手指沾染了不同且迷人的香气，当下就买回一些香草。后来，也陆续买回不少国内外的香草指南书籍，自行研读并运用在生活之中。

在身心逐渐安稳的日子里，随着两个儿子陆续上了幼儿园，我拥有更多闲暇时光。于是，因缘际会参加了在台湾颇具盛名的香草之父——尤次雄老师的香草系列课程。也在那几堂课程里，一窥香草世界之深奥，并建立了香草与我之间更深的连接。

分享后的反馈让我更加满足

那段期间正值博客兴起之际，向来爱以文字记录生活的我，也开始将香草生活的美好与所感所想，兴味盎然地书写于这本浩瀚的虚拟日记本里。几年累积之下，我成了别人口中的博主，也结交了不少志同道合的"博友"。或许因为香草，或许因为书写，又或许因为持续的自然疗法配合。那段时间，我已经不必再回诊间，也不必再服用药物，至今已十多年了。我心里始终相信那是香草与花精，那来自大自然的强大正能量，疗愈了我。

渐渐地，我心里开始有个以香草为主题来做些什么的念头。因为参加创业课程集训，并在网店正风行的当口，我以"香草满屋"为品牌加苏活猫（Sohomall）风格开通网络市集，除了网络销售也定期规划实体市集展示。而也是在这段不长的时间，我发现自己并不擅长销售，反而热衷于分享香草生活的点滴。后来在持续的互动分享中，有了人生首次的讲座邀约。

犹记得那场讲座前，我仿佛是为人生唯一一场讲座般尽心尽力地准备着，投影片、舒缓音乐、亲手彩绘香草陶盆

栽、新鲜香草茶与点心等，每一项无不精心安排。那场与会人员皆是科技公司的主管，短短的一两个小时里，我看到座位里那一张张脸庞，线条从僵硬转为柔和，最后微笑与我相视，沉浸于满溢的香草气息与音乐声中。结束后互动热烈，听众频频询问香草何处买？香草茶该如何搭配？于是我就将当日所带，连同我亲手彩绘的陶盆全大方赠予听众。

首场讲座结束后，我感受到相较于贩售香草商品，单纯分享我的香草生活经历，更能触动对方的身心，而他们的反馈，更带给我满满的喜悦和正能量。而后没多久，尤次雄老师邀请我在尼克"和香草说说话"的园子里，与他一起开设"香草生活课程"，而我也将网店中止，渐渐地将重心转移至香草运用分享教学领域。

拉开香草餐会的序幕

在尼克"和香草说说话"园子里的"香草生活应用课程"进行得十分顺利，课程颇受香草同好的支持与喜爱。那几年里，许多来上课的学员，大都是因阅读了我的博客而来，那时博客里的图文记录大都是我刚迁居桃园乡间时，日日周转于香草后花园及一小亩香草田之间的田园日记，以及那信手拈来地将香草入茶、入料理的厨房笔记。我想，正是那份悠闲乐活的情趣，令大多生活在快节奏之中的人们为之心动且向往着。花园及居家的角落，以及后花园餐桌的餐食，成了他们想一亲芳泽、一探究竟的主角。

"Julia老师，其实你可以在家里开课呀，那我们就可以去感受你博客里叙述的香草生活了。"有越来越多学员跟我这么说。

在日渐频繁的询问中，以及花园后方空地即将新建社区的那段时间，原本犹豫于上课交通便利性的我，决定不再多作考虑，就先试办几场看看情况好了！

于是，2012年秋天，课程以"香草下午茶"为主题，初试啼声即获得了好评与喜爱，一连举办三场。这场主题下午茶，大家一起在厨房里现调面糊煎松饼，揉制面团烘烤饼干，佐以新鲜香草茶。

享用完香草点心之后，大家动手制作香草调味油及舒缓香膏，最后一起散步到露天香草花园，认识香草并在适合扦插的秋季，采摘喜爱的香草，每人扦插一盆香草带回去照顾。三个半小时里，大家短暂地体验了属于Julia的居家香草生活。那个午后，除了让大家更进一步认识香草，我也感受到大家的身心在这空间里，得到了暂时的舒缓，彼此欢乐地互动分享，为这个午后注入喜悦之情。

香草满屋有了更多欢笑声

有了首回的试办经验后，2013年的春天，我设计了三套不同主题的香草课程，分别是"香草早午餐""香草下午茶"以及"一日香草生活"。主题虽不同，但主轴不变，仍是以花园里的新鲜香草结合当季蔬果，通过亲手采摘香草，一起洗切烹煮，一起举杯谈笑享食。或许因为餐会是在自家进行，多了份温馨而不拘束的氛围，餐会中不论是独自参加或是三五好友一起前来，每个人都能很快地熟络起来，并且建立友谊。

自然而然，在通过学员们在网络上的分享，口耳相传之下，香草料理餐会的报名状况，出乎意料地火爆，名单里也开始出现每回都会来参加的朋友，料理餐会形态也固定以"一日香草生活"为主题。形成一种餐会自有的韵律，一年四季，四至六个不同主题，结合新鲜香草（料）及季节蔬果的料理餐会，就像一颗颗的种子般，在居家空间的不同角落里，各自长成一株株姿态各异的香草，不时散发着独特馨香。

彼时，料理教室及私厨犹如一股潮流，纷纷涌现。有些以国内外知名主厨为教室亮点，有些则以专业厨具设施为宣传重点。而"香草满屋"对外则以料理教学教室为形象，身为主人的我心里十分确定，香草料理餐会，是以新鲜香草、干燥香料及季节蔬果为主轴。新鲜香草的来源，一是来自我亲手栽种照顾的花园，二是来自朋友的有机农园；新鲜蔬果则以市集小农及有机商店为主要采买源。而原本对教学环境及设备较有疑虑的我，也在一次次餐会学员的心得分享里，印证了凡事总是一体两面。许多学员说，他们喜欢在我的居家小厨房里分工合作，欢乐嬉笑，洗切煮食，就像在朋友家里聚会般轻松愉快。

在几年的餐会举行期间，我也常看到厨房热闹煮食间，有学员伫立书柜前或斜倚沙发，正在挑选或阅读书本。也有询问我播放的是什么音乐？角落架上居家饰物或器具在何处买？或者彼此分享生活的美事与好物。许多学员因餐会而结为好友，约定每次的香草料理约会。于是这几年来，餐会已有了几个固定班底学员。常常在餐会结束后，下期主题尚未确定前，大家就已敲定了下次的相聚日期。一路走来，对于她们的长期支持，我满心感动并由衷感谢！

唤醒春日飨宴

Chapter 2

金莲花

Nasturtium

别名：旱莲花

金莲花科金莲花属，一年生草本植物。

利用部位：花、叶、茎、果实

常见品种：绿叶、斑叶

✓ 特性

金莲花植株具有蔓生特质，叶片有绿叶及斑叶品种，花朵有鲜红、橘红、明黄及奶油黄等色系。以吊盆种植，会有美丽的悬垂效果；若地植再加上环境及照顾得当，会蔓延数米。若逢开花期，十分壮观。

✓ 栽培重点

金莲花喜全日照及排水性佳的土壤环境。在台湾地区花期为初冬至来年初夏，入夏之后高温宜适当遮阴，这时期较容易枯萎。但因其为一年生植物，可以留下枯黄种子，待入秋再行播种。

✓ 使用方法

全株依不同部位，有着强弱各异的类山葵气味。花朵及嫩叶可做成生菜沙拉。茎部可炒食或炖煮。果实的山葵气息最强烈，可与米醋腌渍成开胃小菜。

✓ 保存方式

以新鲜食用为主，不适合干燥。

✓ 料理好伙伴

沙拉、豆类、米麦类、豆腐。

香芹
Parsley

别名： 巴西利、欧芹
伞形花科欧芹属，一二年生草本植物。
利用部位： 花、茎、叶
常见品种： 平叶、卷叶

✓ 特性

叶子卷曲浓密的为法国香芹，叶片扁平类似芫荽叶的为意大利香芹。香芹一年四季皆可种植，露天种植生长极快速，越修剪越能强势生长。叶片具有类似芹菜香气，含有丰富的维生素A、维生素C，自中古世纪起即广泛使用于料理中。

✓ 栽培重点

原产于南欧及西亚地区，喜欢凉爽的全日照环境。在高温及干燥环境下，叶片容易萎黄，但若太潮湿，又容易烂根。我的种植经验是，地植比盆植更容易。采收时，从外侧开始连茎修剪。

✓ 使用方法

平叶香芹口感较鲜嫩，卷叶香芹口感较粗糙。一般建议平叶的用于生食，卷叶的则适合用于需加热的料理方式。香芹属于百搭香草，与各类食材搭配，皆有很棒的风味呈现。

✓ 保存方式

一般使用新鲜叶片，香气最为浓郁。

✓ 料理好伙伴

沙拉、豆类、米麦、菇类。

柠檬香蜂草

Lemon Balm

别名： 香蜂草

唇形花科蜜蜂花属，多年生草本植物。

利用部位： 茎、叶

常见品种： 绿叶香蜂草、黄金香蜂草

黄金香蜂草

✔ 特性

柠檬香蜂草外形类似薄荷，因此常被误认。虽然两者外形相似，但最好的判别方法就是轻揉叶片，柠檬香蜂草顾名思义一定有柠檬气息，但却没有薄荷的清凉感！那浓郁的柠檬香气及成分，具有轻微的镇静神经及舒缓情绪之功效，英国人将其视为保健植物。

✔ 栽培重点

柠檬香蜂草属耐寒性香草，但也耐高温多湿，半日照环境即可。在台湾属于容易种植的香草。春秋两季适合扦插繁殖，四季皆可适量采收叶片，促进生长。

✔ 使用方法

柠檬香蜂草大部分拿来冲泡香草茶，可单独冲泡也可与其他香草搭配，其柠檬香气可柔和茶汤风味。嫩叶适用于搭配甜点。

✔ 保存方式

建议新鲜使用，香气最浓郁。

✔ 料理好伙伴

沙拉（嫩叶）、茶饮、甜点。

薰衣草
Lavender

唇形花科薰衣草属，多年生小灌木。
利用部位： 花、茎、叶
常见品种： 甜蜜薰衣草、齿叶薰衣草、西班牙薰衣草

甜蜜薰衣草

特性

薰衣草原生于地中海沿岸，具有独特鲜明的香气。由于长年的地域递播，杂交品种繁多。除了品种名称，也会依叶形区分为狭叶、齿叶、宽叶、羽叶（观赏）及杂交五种，都具有薰衣草独特的香气，但浓淡不一。目前在台湾地区，多以甜蜜及齿叶两个品种来泡茶或入料理。

栽培重点

由于原生地的气候与台湾地区的高温多湿差异颇大，但经过多年的驯化，已较能适应台湾当地的气候。盆植，水分宜适当，长期处于潮湿状态容易烂根，夏日建议遮阴或改为半日照环境。露天种植，则要堆高土丘，以利排水。夏日要常修剪，加强枝叶通风性。开花时要多采收，以避免植株衰弱。

使用方法

其精油具舒缓镇定及防虫抗菌之功效，所以除了饮（食）利用，也很适合拿来制作浴包、防虫香包或香氛喷剂。

保存方式

新鲜或干燥两相宜。

料理好伙伴

茶饮、甜点、牛奶、巧克力、柠檬汁。

鼠尾草
Sage

唇形花科鼠尾草属，多年生小灌木。

利用部位： 花、茎、叶

常见品种： 料理鼠尾草，有原生鼠尾草、黄斑鼠尾草、三色鼠尾草、紫红鼠尾草等。芳香鼠尾草，目前常见有凤梨鼠尾草、水果鼠尾草等。

✓ 特性

料理鼠尾草系列，皆有一股类似樟脑的气息，大多数人无法接受新鲜食用。但经过烹调过程的高温，会让香气转化成柔和香调，并能增添菜肴的独特风味。在中古世纪的欧洲，家家户户都会种植，并有"穷人香草""救命香草"的别称。因其品种繁多，易种植，且具有药用及食用价值。近几年在台湾地区，具有水果香气的芳香鼠尾草，也常见运用于茶饮里。

✓ 栽培重点

鼠尾草原生于地中海沿岸，喜欢凉爽不潮湿的环境，所以除了全日照，排水良好及通风性，都很重要。台湾的梅雨季节要多加注意，适合在春秋两季进行扦插。

✓ 使用方法

鼠尾草是香草束里必备香草之一，不论是炖煮火锅还是蔬菜汤，都很适合。因其具有强力抗菌功效，常见市售漱口水中有添加。可自制漱口水，用50%酒精含量的饮用酒浸泡鼠尾草一周，取其浓缩液加水使用。同理，也可加入苏打粉及柠檬酸，自制清洁粉。鼠尾草还具有净化空间之效，可捆扎一小束风干后燃烟，熏香并净化空间。

✓ 保存方式

新鲜或干燥两相宜。

✓ 料理好伙伴

米麦类、豆类、菇类、根茎类蔬菜；用于制作白酱。

百里香
Thyme

唇形花科百里香属，多年生小灌木。
利用部位： 花、茎、叶
常见品种： 原生百里香、柠檬黄斑百里香、柠檬白斑百里香、铺地香

✔ 特性

百里香叶片细致小巧，具匍匐特性，全株皆拥有麝香气息，适合长时间炖煮或烘烤的菜肴。柠檬系列百里香散发浓郁的柠檬香气，大部分拿来泡茶。会开白或粉色花朵，因气候原因，在台湾平地较少开花。

✔ 栽培重点

百里香原生于地中海沿岸，喜欢日照良好且干燥凉爽的环境。所以在台湾夏日要特别悉心照顾，宜遮阴或改为半日照，适当修剪以利枝叶通风。

✔ 使用方法

百里香香气浓郁且具有抗菌防腐功效，除了泡茶或入料理，也很适合加工成香草油、醋、盐等调味料。或者如鼠尾草般，制作成酊剂或抗菌喷雾。

✔ 保存方式

新鲜或干燥两相宜。

✔ 料理好伙伴

豆类、米麦类、菇类、根茎类蔬菜、茄子、甜椒。

柠檬百里香

春季百花绽放餐会

春天总令我想起郊外田野，各式花草精神奕奕地绽放。**春季，在属于我的一小亩露天香草园，也感受到蓄积了一个冬季后的勃勃生机。**在台湾，春秋两季是最适合原生于地中海沿岸香草们的生长季节。冬初播下的种子及地植的小苗，就是世界上初来乍到的新生命，在春阳下昂首挺立、好奇张望着。每年春天，就在这些花草茁壮生长、渐次绽放的节奏下，揭开一年的序幕。

在春日的花园里工作，时间仿佛身边飞来的蝴蝶有双翅膀，不以"嘀嗒"而以"扑哧"的速度飞旋于时间之流，常常定睛一看，两三个小时就这么倏忽而逝。春天的花园气息，十分令人迷醉。修剪香草时，四周总会弥漫着一股综合的香草气息，也常会有料理组合跃入脑海，我把此况视为香草对我的无言自白。于是从花园到厨房，自白蔓延成告白，成就一桩桩美食与美事。而香草料理餐会的许多食谱，也就这么一次次于料理灶台上反复煮食，确认分量比例，接着就能写入讲义与大家共享。

罗勒番茄鹰嘴豆泥

　　我虽然是素食主义者，但却不爱素食加工制品，尤其是那些仿制肉类口感与风味的再制品。于是除了谷类，豆类也成为我的主食之一。由于异国料理的风行，近几年鹰嘴豆已成为大家耳熟能详的食材，虽然超市进口的煮熟鹰嘴豆罐头，十分常见也方便，但我仍是喜欢使用干燥的，只要浸泡一晚，不仅能去除植酸还能活化营养素，隔天以水（蒸）煮约20分钟，即可拿来与其他食材烹调，比起即食罐头，其实花不了太多工序，食用时却多了份安心。

　　而就在行笔的此刻，我想起多年前的往事。犹记那时泡了一小盒豆子却又临时要出门几天，来不及煮食，就将它们栽入后花园的陶盆里。回来之后，也忘了这件事，直到某天发现陶盆里冒出好几株瘦高直挺小苗，心里纳闷着，这是哪儿飞来的种子？怎么从没见过这款小苗？**几天后才想起，啊！这该不会是那时随手栽入的鹰嘴豆吧？上网查询，果然是它。造物主的神奇奥妙又再次让我惊叹，沉寂多时的豆子，只要先浸润于水中，而后再置于有阳光与土壤的环境里，它就能再次展现旺盛的生命力。一颗小小的豆子，居然拥有如此强大的力量。**而后，我又陆续将买来食用的奇亚籽及亚麻籽随手撒播于露天花园里，它们不仅发芽，而且成长十分显著，已连续几年在初春绽放一小片紫白相间的奇亚籽花及蓝紫色亚麻花海。家里若刚好有这些干燥豆类或食用种子类，不妨试试播入土壤里，感受生命的奥秘。

　　每回煮这道料理，都会想起一位许久不见的学员。犹记得她在餐会结束前，分享当天最爱的料理正是这道。后来几回跟我提到，这道简易料理已成为她家餐桌上的常见菜色。也有几位学员提到，这道料理非常适合提前准备，不论外出带去参加聚会还是好友来家里聚聚，当成主食配菜或者蘸食玉米（口袋）饼，都相当受人喜爱！

罗勒
Basil

材料

鹰嘴豆	200~250克
番茄	2颗
洋葱	1/2颗
孜然	1/2匙
盐	适量
黑胡椒粉	少许
卡宴辣椒粉	少许
罗勒（甜罗勒）	20片

做法

1 鹰嘴豆前一晚泡水；洋葱与番茄切丁备用。

2 将洋葱和孜然放入锅中爆香后，再加入番茄拌炒，接着加入鹰嘴豆拌炒；用盐、黑胡椒和卡宴辣椒粉调味后，倒入淹没食材2~3倍的水量，焖煮至水分稍收干。

3 将做法2用木匙压成泥状，最后撒上罗勒末即完成。

烤百里香甜椒

　　若说要替这几年的香草餐会票选人气料理，那么我想这道菜色，毫无疑问地名列前三。它不仅料理方式简单，所呈现出的色香味，也是数一数二的。每当家里有聚会的前一晚，我会在晚餐后，悠闲地边听音乐边做这道菜。将甜椒刷洗干净，去掉蒂头切成条状，平铺于烤盘上，随性地淋上橄榄油、现磨海盐及黑胡椒粉，撒上一些百里香的细叶。10多分钟后，烤箱飘散出一股迷人的香气。烤好后，我会将烤盘纸对折，上方压个碟子，再让甜椒焖一下。等完全冷却之后，连同烤盘纸一起放入保鲜盒，冷藏保存。隔天不需加热，直接取出即可当成前菜，或者搭配烤过的法棍面包。

　　"这甜椒怎么这么甜呀？怎么做的呢？"每回端上这道菜，这句话就会此起彼落地出现，经过高温烘烤后的甜椒，特别能释放其天然甜味。再加上新鲜香草及优质调味料的烘托，咸香及微烟熏风味里透着淡淡的甜香气息，怎么形容呢？真的只能请你亲手烹制，才能体会那滋味了。

　　我想大家应该都看过欧美料理节目里的专业厨师，会将甜椒放在燃气炉上以明火烘烤后，然后焖数分钟后剥皮再料理。据说这样的料理方式能让甜椒风味更胜一筹。但依我个人实验并两相比较之下，发现差别并不大，再加上近几年全食物的概念风行，所以我想若能简单烹调并保留住皮的营养成分，那么应该是一件令家庭主妇雀跃欣喜之事！

　　再说件令主妇们欣喜之事。烤好的甜椒除了单独或搭配其他食材品尝，也可以再制成酱料。将烤好的甜椒放入高速调理机，再加上少量橄榄（辣椒）油搅打成泥状。可拿来涂抹面包或拌入干面及意大利面里。冷藏可保存3~6个月，冷冻1年以上都没问题。若要单纯做酱料，也可加入番茄一起烤好，再搅打成泥，风味更富层次。

百里香
Thyme

材 料

中型甜椒	10颗
蒜片	6颗
橄榄油	适量
盐	适量
黑胡椒	适量
原生百里香	10枝

做 法

1 将甜椒切长条状，和蒜片一起放入烤盘中，淋上橄榄油、盐、黑胡椒及原生百里香枝叶。

2 放入烤箱，以200℃烘烤20～30分钟；最后5分钟改为上火烘烤，将边缘烤至微焦，风味更棒。

春天的花园沙拉

每年入春，沙拉料理总会毫无疑问被列入当季菜单。只因一年四季就属春天的花园最为缤纷，也是我最爱的季节。秋末冬初，我会种下数款适合生食的香草种子（小苗），每周两三次在花园例行工作中，能发现它们正静静地伸展肢体。我总是在工作时，脑海不自觉地浮现如何料理它们的画面。

金莲花的花朵与叶子，都很适合当成沙拉食用，尤其近年花色增多，艳红、橘红、奶油黄，大大增添了视觉效果，那淡淡的芥末风味，也为味蕾带来惊喜。露天种植的金莲花，不太需要费心照顾，入夏前植株便蔓延出好几倍，真是一款深得我心的香草。

香堇菜拥有缤纷花色，也是春天餐桌沙拉盘中的女主角。那类似猫脸般的花形，拥有淡雅的香气。我常常会请学员们不加酱料，直接吃花朵，闭上双眼好好去感受那优雅的香气，让花仙子领着大家神游香气的世界！

小地榆是我每年必播种的香草。因为园艺店少见小苗贩售，再则测试了几年，我发现它的播种发芽率挺高的，其特别的叶形小巧雅致，嗅闻叶片并无香气，但稍加咀嚼，齿颊便泛着幽微的小黄瓜气息，十分独特。除了拿来入菜，那独特的枝叶体态也很适合拿来压花，效果非常好。

每次春日料理餐会，只要有香草花沙拉上桌，总能看见几张疑惑又惊奇的复杂表情。

"这些花朵，真的可以吃下去吗？"新来的学员们疑惑着提问。

"可以的，都是Julia（蔡怡贞）老师花园栽种的，安全又美味！"旧学员们便代我回答。

这一两年，台湾掀起一股吃花风潮，为饮食之事，增添风雅之情。

金莲花
Nasturtium

材料

生菜数款	1大碗的量
香草	适量
苹果	1颗
小黄瓜	1条
胡萝卜	1/2条
小番茄	适量

香草柠橙酱

柠檬汁	2.5大匙
柳橙汁	2.5大匙
橄榄油	5大匙
盐	1小匙
蜂蜜	3 ~ 4小匙
荷兰芹末	适量
黑胡椒	适量

做法

1 生菜和香草类洗净，并滤干水分；苹果、小黄瓜及胡萝卜切小块；小番茄切半备用。

2 香草柠橙酱的材料放入碗中搅拌均匀，完成佐酱。

3 将生菜和香草摆盘后，淋上香草柠橙酱即可享用。

小笔记

香草可使用小地榆、金莲花、香堇菜、芝麻菜、绿薄荷等。

香草时蔬烤盅配香料烤蒜

　　烹制这道料理的想法，其实是由餐柜上这些小巧可爱的烤盅所延伸而来的。喜爱料理的人应该都跟我有一样的嗜好，只要看见餐盘杯具，目光总会不自觉地被吸引过去，不论在台湾当地还在异地旅行。我甚至会设计一些食谱，是为了要衬托餐柜上那甚少见客的美丽餐盘。偶尔听闻有人收藏高价餐盘，我总纳闷着，美丽的物品若无法融入生活，那有何价值或意义可言？对我而言，每一样东西都拥有其独特的生命，杯盘器皿就该拿来盛装食物，让食材与人的双手温度去体现其存在价值！

　　这是一款能带给感官美好感受的前菜，除了讨喜的烤盅外形，内里的食材搭配色彩缤纷，各种食材间的口感与风味也十分丰富。一人一小盅不仅开胃也摄取了各种营养。再搭配上烤过的蒜球，滋味更显独特。不但可以当宴客前菜，也挺适合一个人的独享早餐。偶有朋友问我，每回看你在Facebook的分享，一人用餐也如此注重餐盘搭配吗？于我而言的确如此。**一个人的早餐时光，无论时间长短，好看的餐碟与好听的音乐是基本配备。如果时间允许，饭后再来一小段阅读时光，如此于一日伊始，身心便储备了美好的、满满的正能量，来面对一日的忙碌时刻。**

材料

洋葱	1/4颗
番茄	1颗
马铃薯	1小颗
杏鲍菇	1条
菜花	1小朵
全蛋	1颗
盐	适量
黑胡椒	适量
焗烤奶酪丝	适量
百里香	1枝
迷迭香	1枝
香芹	1枝

香料烤蒜

蒜头（整颗）	1颗
盐	适量
黑胡椒	适量
干燥综合香料	适量
橄榄油	适量

香芹
Parsley

做法

1. 洋葱、番茄、杏鲍菇、马铃薯切丁；菜花切小朵备用。

2. 蒜头对切后，先蒸20分钟，取出置于烤盘上；加适量盐、黑胡椒粒、干燥综合香料及橄榄油拌匀备用。

3. 将做法2的香料油均匀涂抹在蒜头上，放入烤箱，以200℃烤20分钟，完成香料烤蒜。

4. 将洋葱、番茄、杏鲍菇和马铃薯放入锅中炒香，再加入迷迭香、百里香、香芹末炒约5分钟，并以盐和黑胡椒调味。

5. 将做法4倒入小烤盅，六七分满，插入菜花、打上全蛋，表面撒上适量焗烤奶酪丝；放入烤箱，200℃烤约12分钟（若要吃全熟蛋，可多烤1~2分钟）。出炉后，搭配烤蒜一起享用。

香蔬杂烩佐蝴蝶面

乍暖还寒的春天里，最适合食用这道菜肴。各式新鲜蔬果及香草（料），能全面补充身体的营养，以抵抗春日不稳定天气易引起的风寒。所用的芫荽籽及黑胡椒粒皆属热性香料，能生发体内阳气，迷迭香及鼠尾草具抗菌之效，再加上多款蔬菜、菇类及豆类的营养成分，运用炖煮及烘烤等不同调理方式，除了健康，也能堆叠出味觉的丰富层次。

然而不只味觉，烹调过程中，从捣钵里的香料至砧板上的缤纷蔬果，随着手与杵、刀的来回律动，视觉、嗅觉、听觉与触觉，都一并被洗涤抚慰，而当五感舒缓放松时，心好似也被疗愈了。深觉香草（料）是属六感植物，当你将它填入料理、融入生活，相信一定能体会我的感受。

某回餐后，听到学员感性地说到，我正过着她渴望的生活，参加这次餐会，让她又再次鼓足力气，要将日子过成自己想要的模样。如今回想起，总觉得餐会间收到的回馈话语，也好像香草（料）之于料理般，一点一滴慢慢渗入我的身心，某个部分的Julia，其实是如此塑造而成，而我乐见其成。

鼠尾草
Sage

材料

白腰豆	100克	新鲜菇类	1包	辣椒粉（辣椒油）	适量
红扁豆	100克	牛肝菌	30克	香草及香料	
鹰嘴豆	100克	芦笋	1把	芫荽籽	1匙
蝴蝶面	1大碗	红甜椒	1颗	黑胡椒粒	1/4小匙
洋葱	2颗	黄甜椒	1颗	月桂叶	2片
胡萝卜	2/3条	新鲜辣椒（可不加）	适量	奥勒冈	2~3枝
圆白菜	1/4颗	盐	适量	迷迭香	2~3枝
番茄	2个	黑胡椒	适量	鼠尾草	2~3枝
小番茄	1碗	橄榄油	适量		

做法

1 白腰豆、鹰嘴豆浸泡一晚后，稍冲水后沥干水分。
2 煮一锅开水，放入蝴蝶面和适量的盐煮熟捞起备用。
3 洋葱、胡萝卜、圆白菜切丝；番茄搅打泥状；小番茄对切；红黄甜椒切条状；芦笋切小段备用。
4 将做法3的材料（除甜椒和芦笋外）放入锅中炒香，再加入八分满的水；待水煮开，加入新鲜辣椒、香草及香料、牛肝菌、新鲜菇类及豆类炖煮30分钟，再用盐调味。
5 将甜椒和芦笋用盐、黑胡椒及橄榄油调味；放入烤箱，以200℃烤约30分钟取出备用。
6 将煮好的蝴蝶面与做法4的汤装入碗里，配上烤好的甜椒及芦笋一起品尝即可（视个人口味，可酌量刨上奶酪、辣椒粉）。

漫享春日早午餐

香草料理餐会有两种形态，一为单独或与三五好友一起参加，另外也有包场方式，大抵是参加过又呼朋引伴前来参加。常常是一进门便热闹非凡，有些是好久不见的朋友，进门自是彼此热情拥抱问候近况。餐会进行间欢笑满场不曾间歇，连我都感染了那快乐的气氛。

记得曾有读书会成员、相交多年的好姐妹等，这其中也不乏成就非凡的女性。看着她们放下平日扮演的角色，尽情享受当下餐会，心里感到开心无比。犹记某一场，我还即兴播放起音乐，让曾同为舞蹈科系的好友们，纷纷摇摆跳起探戈，我也跟着快乐起舞，虽然手脚并不协调，但仍沉浸于当下的放松与欢乐气氛里。此刻写着文字，空间里仿佛又再现这几位美丽女子的舞姿及笑脸。

甜罗勒番茄奶酪沙拉

　　我想，这道料理是大家耳熟能详的，一看到菜名立刻会联想到意大利，因为这是意大利料理的经典前菜。材料及调味都非常简单，却呈现出朴实且强烈的风味感受。这其中，甜罗勒是令人惊喜的重要元素。不论是那类似豆蔻的气息，还是鲜绿叶片与红艳番茄的对比色彩搭配，都带给人感官极致的享受。

　　这款沙拉很适合在客人都到来时大家一起做。选一个好看的盘，将番茄片、甜罗勒叶及马苏里拉奶酪交相互叠，最后淋上酌量的油与醋，即可快速上菜。食用时，别忘了将三款食材一起咀嚼品尝，有类似搭云霄飞车的刺激快感。

甜罗勒
Sweet Basil

材料

甜罗勒	10～12片
番茄	2颗
马苏里拉奶酪	适量
橄榄油	适量
意大利香醋（Balsamico）	适量

做法

1 将甜罗勒叶片洗净；番茄及奶酪切片，三种材料交相铺叠于盘上即完成（拍摄时使用柠檬罗勒叶）。

2 淋上些许橄榄油及意大利香醋，搭配品尝。

当归豆腐小煎饼

　　提到当归，大部分的朋友都直接想到中药铺子那一片片干燥的当归片。然而，当我第一次看到花园里的当归开花时，便深深地爱上了当归花颜，纯白的伞形花序，优雅极了。犹记得，我将它摘回插入厨房窗台边的花瓶里，每日换水时，总会不自觉地与花凝望，看着那纯白花朵心里就莫名有股淡然安适之感。那朵花带给我大约一周的恬静时光。对照着当归的英文名Angelca，有时我觉得它是天使的化身，默默给予我支持并守护着我，让我感受到大自然与神圣力量之间必有所连接。

　　在台湾中部山区也常常可以见到像蔬菜般，成把售卖的新鲜当归。一般可以取嫩叶煎蛋或清炒，新鲜根部形似人参，可以拿来炖煮汤品，那汤头的滋味非常清冽淡雅芬芳，让我完全一改从小对当归那根深蒂固的浓厚中药味的印象。在台湾常见的当归有两种品种，一为圆叶当归，叶子较鲜绿，质感也较鲜嫩；另一为山当归，叶色稍深呈现亮光质感，两种皆可食用。

　　我常常觉得不只人与人之间有缘分深浅，人与花也有着缘分。有人刻意去见花，花儿不开，有人无意造访，花朵绽放等待着，这难道不是缘分吗？那天你来，看着露天花园里难得开放的当归花，赞叹惊喜，不断反复说到，这怎么会是当归花，若不是亲自闻到叶片的当归味道，你根本觉得这是优雅美丽的蕾丝花！我当下将花朵摘下，回家用纸巾沾湿包裹交给你。期许着那一周，当你凝望着花朵，内心便会升起恬静之感。我想细腻如你，一定也能感受造物主透过植物，所欲传递给你的神圣力量。

当归
Lovage

材 料

干香菇	8～10朵
当归叶	适量
鹰嘴豆（煮熟）	100克
板豆腐	1块
盐	适量
白胡椒粉	适量
玉米粉	4～5大匙

做 法

1 干香菇泡热水变软后，与当归叶和鹰嘴豆用搅拌机打成泥状。

2 板豆腐用滤网压成泥状，尽量去除水分。

3 将做法1和做法2混合，加入盐、白胡椒粉与玉米粉拌匀；置放约20分钟，待馅料更融合。

4 平底锅热油，将馅料用汤匙舀入锅里，稍压成圆饼，两面煎至稍金黄即可起锅。

5 最后放上少许当归叶末，让香气更加浓郁即完成。

田园香草蔬菜汤

这道汤品像是餐桌中央的食物转盘，交织出一幕幕来自家人或学员餐叙的欢乐画面。这几年的料理餐会，菜单里出现过几回，因为食材稍加变化，就能以不同的风味呈现。而遇家人或友人来访，这道汤品也是餐桌常客。

汤品的食材分两大类，香草与蔬果，而且变化空间很大。所以若手边有柠檬香茅、月桂叶、迷迭香为基本香草；蔬果只要有根茎类，例如胡萝卜、洋葱、马铃薯，另外再来点圆白菜，煨煮后的汤头，层次深邃鲜甜，尤其放至隔日再品尝，那滋味更加浓郁醇厚。偶尔我也会加入各式谷麦豆类一起炖煮成浓稠的粥品，汤品立刻成主食。不论一桌围食或一人品尝，总会从心底升起一股暖意，仿佛走在冷冬街头，忽而从一扇窗透出暖黄灯光以及那微袅的烟。

这汤让我想起两位友人，她们在品尝的当下，都有着类似的反应。汤里加了什么呢？怎么如此有滋有味，充满着能量。其实每次炖煮这道汤，食材都会不同。除了基本食材，通常也习惯加入冰箱的零星食材。所以偶尔也见南瓜、红薯、四季豆、玉米笋、菇类等，再加上香草种类的变化，所以每一次风味总是不同。但除了以上食材，**我相信最神秘的调味品，是料理人当下的信念及其与食材间那隐形不可见的密语。仿佛是炼金过程，也像是拥有魔法的咒语般，品尝一口灵魂好似轻轻被唤醒了。**

鼠尾草
Sage

材料

洋葱	1颗
胡萝卜	1根
小番茄	1碗
大芹菜	2枝
圆白菜	1/4颗
杏鲍菇	2条
盐	适量
黑胡椒	适量

香草束

柠檬香茅	1枝
奥勒冈	3枝
百里香	3枝
鼠尾草	1枝
迷迭香	1枝
月桂叶	2片

做法

1　将香草洗净扎成束；洋葱、胡萝卜、小番茄、大芹菜、圆白菜和杏鲍菇切丁备用。

2　在汤锅中放入七分满的水煮开，将香草束和蔬果材料加入，用中小火炖煮约1小时即完成。中途调味，若觉得香气不够可换入新的香草束。

 小笔记

这道汤品里的香草束及蔬菜种类，可视个人喜好调整。

两款香草薄饼

麦子，真是上天给人类的一份大礼。一粒麦子可以再制为低筋、中筋、高筋面粉，可以拿来做成饼干、蛋糕、面包、面条、馒头等琳琅满目的美味餐点。只要家里各保存几袋不同筋性的面粉，加上一些小心思，我想至少一周三餐，日日都有秀色美食可品尝。

但喜爱烘焙做面食的主妇们，应该都常遇到，冰箱里有着一小袋一小袋各种筋性面粉的状况，不知道你们都怎么处理呢？ 跟大家分享我的清面粉料理。最常做的大概就是传统的面粉煎，不论面粉筋性，只要加上适量的冷开水及全蛋搅拌成糊状，面糊里可加上各种新鲜香草，表面还可撒些坚果碎，煎至两面赤黄微焦，就是一道营养美味的早餐或点心。而同样的一款面糊也可以煮成汤面饺。

犹记童年时，母亲偶尔会煮一锅热水，然后将手放入面糊里，呈握拳状，手掌虎口处便会挤出一小球面团，用汤匙挖起放入滚沸的汤里。用一点盐巴、油膏及白胡椒调味，加入各式小白菜或菠菜，再打入一颗蛋花，放少许香菜或油葱酥，淋上几滴香油。看似轻简但那滋味却深烙于心头，至今回想起，仍会冲动地想立刻进厨房煮上一碗，大快朵颐一番。

迷迭香
Rosemary

迷迭香蘑菇薄饼佐奶酪淋酱

材料

洋葱	1/6颗	面糊	
蘑菇	3～5个	低筋面粉	100克
番茄	1颗	凉白开	200毫升
迷迭香	2枝	全蛋	1颗
盐	适量	香草盐（或一般盐）	适量
黑胡椒	适量	橄榄油	1匙
黄油	适量	奶酪淋酱	
		奶酪丝	30～40克
		鲜奶	120～150毫升
		香芹	1枝

做法

1 洋葱、蘑菇、番茄切丁备用。

2 在面粉中加入全蛋和盐稍拌匀，再慢慢倒入冷开水搅拌均匀，最后加入橄榄油拌匀；放入冰箱醒约30分钟。

3 锅中加入少许油加热，放入洋葱丁炒香，再加入蘑菇及番茄，用迷迭香、盐及黑胡椒粉调味，起锅备用。

4 奶酪丝和牛奶放入锅中煮至浓稠，加入适量香芹，完成奶酪淋酱。

5 平底不粘锅抹上少许黄油加热，舀一汤匙面糊煎成小圆形，翻面再稍香煎即可取出；一份2～3片松饼，中间铺上做法3，佐芝士酱享用。

马郁兰
Marjoram

马郁兰甜薄饼佐百香果菠萝果酱

材料

低筋面粉	120克
全蛋	2颗
砂糖	20克
鲜奶	240毫升
马郁兰	1~2枝
黄油	适量
百香果菠萝果酱	适量

做法

1 在面粉中加入全蛋及砂糖稍搅拌，再慢慢倒入鲜奶搅拌至无粉粒状，最后加入马郁兰叶搅拌拌匀；放入冰箱，醒约30分钟。

2 平底不粘锅抹上少许黄油加热，舀一汤匙面糊进心形模具里，两面煎出花纹即可取出；搭配百香果菠萝果酱一起品尝。

自制百香果菠萝果酱

材料

菠萝丁	350克
百香果肉	350克
砂糖	350克
柠檬汁	1颗
柠檬皮	1颗

做法

将菠萝丁和百香果肉放入锅中，用中小火边拌边熬煮15~20分钟；最后加入柠檬汁及柠檬皮即完成。

薰衣草
生巧克力甜派

　　忘了是哪一回，随手将薰衣草加入巧克力中，竟得到意外的惊喜。至此，喝可可时都会习惯加入一小段薰衣草，喜欢那浓郁可可气息里的淡雅薰衣草香气。后来试着做了薰衣草生巧克力，受到家人朋友的喜爱，于是就将这个配方制成内馅，与派皮结合成为一款甜派。试了几回，也就成为料理餐会的食谱。

　　餐会里有位学员，我们是多年前经由一场手作讲座而认识的，那时她与另一位好友一同报名参加由我主讲的活动。后来开始在家里举办餐会，她们便常相约一起来上课，就这样几年下来，我们也成了好友。五月时节，其中一位悄悄告诉我，要在餐会帮另一位好友庆生，餐会当天正是她的生日。于是前一晚，我满心喜悦地用爱心模型先制作一个薰衣草生巧克力甜派，摘一株花园里的甜薰衣草花朵为装饰。隔天餐会近尾声，我将甜派端出，大家一起高唱生日快乐歌，那天的气氛以及她脸上的笑容，经过这许多年，却仍如甜派在我心底散发着甜美气息。

　　虽然我并不太喜欢吃甜点，但却喜欢制作过程中食材互相烘托出的满室香气，那香气总让心里升起丝丝幸福感。而后再看着那些沉浸在微笑中品尝的表情，你发现原来经由你的双手，能带给身边的人片刻喜悦。这种无形的心灵收获，比收受有形钱财的那种快乐，来得更为绵密深长。

薰衣草
Lavender

材料

派皮		内馅	
无盐黄油	100克	苦甜巧克力	150克
低筋面粉	200克	鲜奶油	75毫升
盐	1/4小匙	干燥薰衣草	1匙
砂糖	2大匙	薰衣草酒	
蛋黄	1颗	（或朗姆酒）	8毫升
冷水（视状况加入）	1～2大匙		
蛋黄液			
（或白巧克力液）	适量		

做法

1 无盐黄油从冷藏室取出，切成1厘米方块大小，和面粉、盐、砂糖加入不锈钢盆中，用手指搓成碎屑状。

2 再加入蛋黄混合，以按压方式混合成团（避免过度搅拌产生筋性；若觉得太干可酌量加入冷水）。

3 将面团取出铺于保鲜膜上，整成约2厘米厚度，包好后放入冷藏室醒30分钟。

4 取出冷藏的面团，以擀面棍擀成大于派模2～3厘米宽度、0.3厘米厚度的派皮，再铺入烤模里，凹槽花边用手压实；底部用叉子平均戳孔后，再铺上烘焙石（或豆子）。

5 派皮放入烤箱，用180℃烤15分钟，取出刷上蛋黄液（或白巧克力液），再烤3～5分钟取出放凉备用。

6 将苦甜巧克力、鲜奶油及干燥薰衣草，以隔水加热方式融化，最后倒入薰衣草酒（或朗姆酒）拌匀。

7 派皮放凉后，倒入做法6的内馅，放入冷藏一晚，隔日即可享用。

春光舒心
香草派对

—— 前菜 ——
香草花环舒芙蕾
—— 汤品 ——
香草韭葱汤
—— 主菜 ——
春日花朵节瓜煎饺
—— 甜点 ——
莓果好养生坚果派佐马郁兰腰果酱

关于香草食谱的发想，最常发生于我在香草花园工作时；抑或采买食材时。虽然超市架上的蔬果外形整齐干净，但我仍喜欢逛传统市场。**走在狭窄喧哗的巷弄里，两眼溜着双耳打开，感受着市井间传递着季节脉动的信息，眼里手里的蔬果正召唤着我。**最爱遇见那小推车或路边摆摊的自栽蔬果小贩，大多是中老年人，经常能遇见少见的惊喜食材。我喜欢跟他们聊天，他们多数常附赠独家料理食谱，每每遇此总令我心生欢喜，也能激起许多与香草搭配的料理灵感。

香草花环舒芙蕾

　　品尝过舒芙蕾那轻柔蓬松如棉絮般口感的人，我想十之八九都会爱上它。不太吃甜点的我，就是其中之一。某次在料理节目看到了我颇欣赏的法国名厨米歇尔，正在制作一道咸味舒芙蕾，食材里结合了香芹。我专注地看着写下笔记，那成品十分令我垂涎。空闲时，我在厨房反复微调比例做出这款咸味舒芙蕾，想着或许可以纳入香草料理餐会的食谱中。

　　某天在花园工作时，便联想到或许每年必出现餐桌的春日花园沙拉，可以换个样貌。以这款咸味舒芙蕾为主角，让学员们亲手将露天花园采摘回来的香草花朵，用花环的概念围绕着舒芙蕾。

　　偶尔我会设计一些能让学员发挥创意摆盘的食谱，在这个过程中意外地发现，从不同的呈现中，能观看到每个人的特质。有喜简洁不繁复，可以想见其面对生活的减法哲学；有的人则喜缤纷丰美，或许是拥有爱热闹、友爱、温暖的性格吧！无所谓好与不好，仅仅是我从中发现的，这也是观察人的一种方式。

香芹
Parsley

材料

各式生菜叶	适量
新鲜香草	适量
蛋黄	4颗
香芹	1小把
蛋清	4颗
盐	1/4小匙

沙拉酱

柳橙汁	1颗
法式芥末酱	1匙
蛋黄酱	50克

白酱

无盐黄油	40克
低筋面粉	40克
鲜奶	200毫升
原生鼠尾草	2片
现磨肉豆蔻粉	些许
黑胡椒	适量
盐	适量

做法

1 生菜叶和新鲜香草洗净，依喜好铺在盘子四周，呈花环形。

2 将沙拉酱材料放入碗中搅拌均匀备用。

3 将香芹氽烫后，放入冷水中稍冰镇，用手挤干水分后，放入调理机打成泥状后过滤，尽量将水分完全挤干，完成香芹泥。

4 无盐黄油切小块放入锅中，用小火煮至融化，分3～5次加入面粉，并快速搅拌均匀；接着分次倒入鲜奶，每次搅拌至无粉粒柔顺才加下一次；熄火加入鼠尾草和肉豆蔻粉，并用黑胡椒和盐调味，完成白酱。

5 将8大匙香芹泥、8大匙白酱和蛋黄拌匀备用。

6 另准备不锈钢盆放入蛋清及盐，用电动搅拌器打至垂直状，分2～3次拌进做法5中（不要过度搅拌，以防空气进入，影响口感）。

7 将搅拌好的内馅填入容器中，轻敲后以刮刀抹匀表面，再用汤匙或大拇指在边缘画一圈（让成品不歪斜）；放入烤箱，用180℃烤6～8分钟。

8 出炉后摆在餐盘的沙拉花环中央，沙拉花叶可佐沙拉酱一起食用。

✎ 小笔记
· 新鲜香草可使用香芹、茴香、绿薄荷、当季香草花。
· 舒芙蕾一出炉很快塌陷，请尽快品尝。

香草韭葱汤

　　春天是吃韭菜的最佳季节，俗话有云："韭菜春食则香，夏食则臭。"中医认为韭菜性温，春天多食能滋长阳气。虽然韭菜是好菜，但身边还是常见不爱其味的家人朋友。**所以当我游逛于市场小巷，看见小贩的鲜绿韭菜及一旁的红薯时，心里立刻有了这道汤品的结合念想。**一来红薯可增加汤品浓稠感；二来它的甜味想必能柔和韭菜的鲜明气息，再加上一两片月桂叶来提香……一边采买一边想象着它的风味。回家后将想象化为成品，红薯果真增添了甜味，另外多加了些许鲜奶，让汤品更平易近人。

　　将这样颇具个性的汤品，放入料理餐会食谱里，可是一件令我心惊胆战的事，还好首场餐会，大家的接受度颇高。接下来几场，虽也出现几位面有难色的学员，但还好比例不算太高，大约八成可接受这新奇汤品。也有几位说比想象中美味，这对我而言，真是至高无上的美好回馈。

月桂叶
Bay

材料

青蒜	5枝	月桂叶	2～3片	新鲜香草	适量
韭菜	1小把	盐	适量	鲜奶（鲜奶油）	适量
洋葱	1颗	黑胡椒	适量		
红薯（中小型）	2～3颗	甜豆荚	10个		

做法

1. 青蒜、韭菜、洋葱和红薯切丁备用。

2. 热锅后，放入做法1的食材炒香，加一倍水和月桂叶，煮10分钟。取出月桂叶，并用盐和黑胡椒调味。

3. 待放凉后，放入调理机搅打成浓稠状，再予以过滤，口感会更细致。

4. 将甜豆荚焯烫至熟剥开，可和新鲜香草或花朵一起放在汤上装饰；视口味，加入适量鲜奶（鲜奶油）添味享用。

春日花朵节瓜煎饺

　　撰写食谱期间，我常会翻起过往的图文记录，就像读过的旧书，重读时偶尔会带给内心不同的触动。相片里的男孩约莫六七岁，专注且好奇地摇着擀面机手把，当他看着面皮从出口滑出，脸上露出纯真可爱的笑容，那一刻与儿子小时候玩面皮的回忆，唤起我心底的一阵暖意。看着他与母亲的笑颜，想着这平凡的一日，会不会在未来成为彼此不平凡的回忆呢？

　　而这位小男孩，也让我回想起另一场包场餐会。犹记得那是个雨不停歇的周日，一场许久前敲定的包场餐会，令我期待着。因为参加者是几对夫妻好友、单身男女及一对带着大男孩的夫妻，前所未有的成员组合。**那天的气氛并未因雨而受影响，反倒让人感受到空气间里流淌着浓度各异的爱。有属于夫妻与亲子间的平实之爱，也有单身男女间那独有的欲拒还迎的暧昧之情！午后饱食，众人沉醉于音乐里。而我，沉醉于空间里那份粉红柔光的氛围中。**

　　相片里那一朵朵花朵节瓜煎饺，在书写文字的此刻，如真实玫瑰花般，带着浪漫情怀并散发馨香。

百里香
Thyme

材料

面团

高筋面粉	250克
冷水	80～100毫升
全蛋	1颗

馅料

蒜头	2颗
洋葱	1/2颗
节瓜	2条
胡萝卜	1/2条
盐	适量
百里香	6枝
细香葱花叶	适量

做法

1 将面粉、全蛋和冷水均匀和成团（过程中若觉得太干，可再视状况加水）；约揉10分钟，至表面光滑，覆盖保鲜膜或沾湿的纸巾，静置20分钟。

2 醒好面后，取出切割成小团，放入制面机，擀成约长20厘米、宽8厘米的面皮备用（等待使用时，都要盖上保鲜膜或湿的纸巾）。

3 蒜头、洋葱切碎；节瓜、胡萝卜切细丝备用。

4 热锅后放入蒜头和洋葱爆香，再加入节瓜和胡萝卜拌炒，最后加入百里香叶，用盐调味后，完成馅料。

5 将面皮擀成上下呈波浪状，将馅料铺于中央，边边涂上些许水，上下对折再滚成花朵形状。

6 放入不粘锅中，用中小火将底部煎至稍焦香，再倒入约四分之一高度水量，用中小火盖锅盖煮6～8分钟即完成。

 小笔记

可单独蘸酱品尝，或放入香草韭葱汤中一起享用。

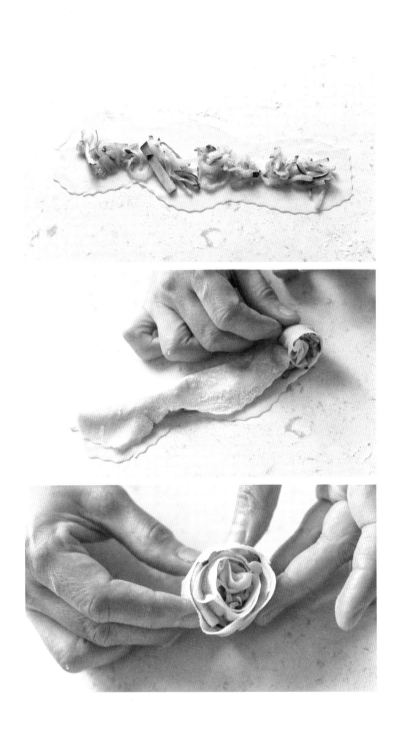

莓果好养生坚果派佐
马郁兰腰果酱

　　饮食的风潮总是与时俱进，养生概念近年更加风行，以严格素食主义者与健康蔬食取向强调无蛋奶、无麸质的餐厅在坊间越来越多见。不但餐饮吸引人，连店内风格形象定位都有别于传统素食餐厅的样貌。**一位常旅行异国的好友，不时在旅行途中即时分享世界各地的风格蔬食餐厅。伦敦、纽约、瑞士等都可找到优质的蔬食餐饮。这对于热爱旅行的我而言，实为一大福音。**

　　当然在台湾，我也喜欢在巷弄里寻觅特色蔬食餐饮。有一回就这么无意间与老朋友在巷弄里发现一家别致的甜点店，坐定看到菜单时又更加好奇了。服务人员耐心解说甜点制作的初衷理念，专售不必烘烤、不含麦蛋奶的健康甜点。与好友各点了一款口味品尝，的确比想象中来得美味许多。

　　回家之后当然得来试试，于是某回在露天花园工作时，手边的马郁兰正散发着甜蜜的香气，那当下闪现一个念头，若是用它来融入搭配蛋糕的酱汁里呢？没想到香浓腰果浆里，加些糖浆及新鲜马郁兰稍微熬煮，颇有画龙点睛的效果。借由冷藏定形的蛋糕，少了烘烤的温度，正好让这款马郁兰腰果酱来给味蕾增添温度。

　　这道甜点在几场餐会里颇受喜爱，学员说这款蛋糕不需烤箱，且做法不烦琐，然而成品呈现无论是视觉还是味觉，都十分令人惊艳，尤其马郁兰腰果酱大大替这道甜点加分了呢！

马郁兰
Marjoram

材✓料

派底		马郁兰腰果酱	
杏仁角	120克	腰果（泡软）	100克
椰枣（去籽切碎）	80克	水	150～180毫升
杏仁可可粉	20克	马郁兰	2～3枝
		糖浆（或蜂蜜）	1大匙
内馅		柠檬皮	1/2颗
椰子油	80毫升		
椰子丝	10克	装饰	
柳橙汁	240毫升	莓果	适量
无糖可可粉	60克	马郁兰	适量
核桃	200克	柳橙皮屑	适量
糖浆	40～50毫升		
盐	1小匙		

做 ∕ 法

1 锅中放入椰枣和两倍水量，以中小火煮至糊化；待稍冷却后与杏仁角、杏仁可可粉拌匀，铺在模型底部压实；放入冰箱冷藏30分钟，加速定形。

2 将内馅的材料放入调理机中打至滑顺后，倒入塔模中。放入容器或盖上保鲜膜，置于冰箱冷冻一晚（至少8小时）。

3 将马郁兰腰果酱的材料（除了柠檬皮外）放入调理机，打至浓稠滑顺，取出后加入柠檬皮屑，完成马郁兰腰果酱。

4 食用前两小时于冷藏室取出，铺上莓果、马郁兰及柳橙皮屑，切片搭配腰果酱品尝。

 小笔记

马郁兰腰果酱可加至微温，与冰凉的坚果派一起享用。

巴厘岛风情餐桌

2017年春天与好友们相偕至巴厘岛旅行，行程由一位相当熟悉当地的好友规划。当确定此次行程时，心里便升起想顺道去上料理课的想法，于是有空便上网搜寻。某次浏览网页时跳出一个位于郊区的有机农场官网，首页还特别注明有蔬食料理课，当下觉得这间教室真是太贴心了。再仔细查询，发现还有包含住宿在当地民家的套装行程。两位好友听到我的分享，十分开心，也期待与我同行，于是我们三位便提早几天出发，待上完料理课再与其他几位好友会合。

当天一早，料理教室安排的司机便来民宿接我们，第一站来到了当地的传统市场，我们在热闹喧哗的露天市场里，看到了琳琅满目的当地特色蔬果，也嗅到丝丝当地生活的独特气息。接着来到了农场，穿过一小片植物长廊，眼前出现一间木造大凉亭，看到炉台锅具以及几位着特色服饰的女士，想必这就是一会儿上课的地方。原来方才带我们去市场寻逛的年轻男子就是我们今天的料理老师！他先带我们去农场晃晃，边走边介绍蔬菜香草。接着几个小时里，我们就用这些买来及摘回的食材，做出了数道美味可口的巴厘岛风味料理。与好友们坐在下起雨的凉亭教室里，品尝着一道道料理。至今回想起来，那画面仍记忆犹新。

印尼经典沙拉佐沙嗲酱

　　加多加多（GadoGado），是巴厘岛传统经典的菜式。在农场做的第一道料理便是它。首先用火山岩石制作的石钵，将所有辛香料捣成泥，再倒入加热的椰子油拌炒至香气释放出来，加入调味料及椰浆再煮一下，就完成了沙嗲酱（Sambo）。沙嗲酱堪称是这道经典沙拉菜式的灵魂酱料。

　　在巴厘岛旅行那段期间，几乎所有餐厅都有这道菜。最常见的青菜种类就是长豆角、圆白菜、豆芽、豆干、马铃薯、水煮蛋，会整齐地铺放在盘子里，另附一小碗Sambo让客人自行拌入。然而，每一家餐厅的Sambo风味都略有差异，不知道是否是因为自己动手调理的缘故，我与友伴们总觉得还是料理课的沙嗲酱最美味。**也或许因为香料泥都经由石钵慢慢捣制，总觉得香料间多了股浓郁且融合的香气，所呈现出的风味也更为醇厚深沉。**

　　料理课结束时，我心里便打定主意，一定要带几个石钵回家，一来厨房正好缺少这一样传统工具；二来也想让餐会的学员们动手试试捣制沙嗲酱。在当地朋友的协助下，终于在一传统市场小贩那儿，买到了真正的火山岩石钵。

　　几场餐会里，大家有了制作沙嗲酱初体验，我也另准备电动搅拌机，让大家品尝两款不同制作方式的沙嗲酱。结果是，有人觉得差异不大，也有人觉得还是传统石钵捣的沙嗲酱风味较美味。但几场下来，发现这道菜式还真是受人喜爱。大家搭配着椰香姜黄饭，一口口品尝着直说这实在太下饭啦！

马蜂橙
Kaffir Lime

材料

小番茄	150克	南姜	1块（1.5厘米）
豆干	6块	红葱头	10颗
水煮蛋	3颗	蒜头	3颗
长豆角	1把	冷水	80～100毫升
圆白菜	1/6颗	椰子油	2～3大匙
豆芽	1小包	马蜂橙叶	1片
		黑胡椒	1/4小匙
沙嗲酱		芫荽粒	1/2小匙
花生	80～100克	酱油膏	2大匙
蜡烛豆	3个	棕榈糖	1.5大匙
胡萝卜	1段（3～5厘米）	椰奶（可稀释）	100毫升
辣椒	3个	柠檬皮	1颗
嫩姜	1块（1.5厘米）		

做法

1 将花生、蜡烛豆、胡萝卜、辣椒、嫩姜、南姜、红葱头、蒜头切成细丁，再用研钵加冷水捣成糊状。

2 热锅加入椰子油，放入做法1的香料糊及马蜂橙叶丝拌炒，至香气释放3～5分钟；再加入黑胡椒、芫荽粒、棕榈糖、酱油膏及柠檬汁拌匀，最后加入椰奶煮1～2分钟，最后加入柠檬皮，完成沙嗲酱。

3 小番茄对切；豆干切片炒熟；水煮蛋一切为四；其余蔬菜可视喜好烫（炒）熟皆可。与做法2的沙嗲酱拌匀即可享用。

椰香姜黄饭

　　这是一道色香味俱全的米食。姜黄让米粒染上了金黄色泽，椰浆甜甜的奶香与斑兰叶的芋头香气，交织出一股迷人香气。这道米食最适合用香米品种，吃起来弹牙又稍带点黏性。最喜欢煮食过程中，那满室弥漫的香气，我总是迫不及待在刚煮好时，趁着热气一小口一小口慢慢咀嚼，品尝米粒里的丰美香气。

　　这次在农场料理教室，除了料理美味，也想学习当地人，善用身边天然素材为工具。例如蒸煮米饭的竹篓、香蕉叶容器等，不但传承古人的生活智慧，还能增添料理中的植物香气。

　　那两日住在农场附近的民宅里，是一栋巴厘岛的传统建筑，住着一个和善的大家族。初抵达进入房间稍安歇后，回到院子里，几位大女孩正要教小朋友们跳传统的雷贡舞，热情邀我们一起。与好友们随着音乐与带领，跟着大小朋友们，有模有样地手舞足蹈了起来，真是难忘又独特的体验。

　　空当时，我央求一位看似家族长辈的妈妈，教我折香蕉叶盒子。她便唤来一位妯娌取来数片叶子，热心地倾囊相授，教我几款形状不同的香蕉叶碟子。初来乍到的第一天，即感受到巴厘岛居民的淳朴善良与热情。**虽然语言不通，但透过肢体与眼神，短短的两天一夜，我们已与一家人建立微温的情谊。**早晨，妈妈们帮我准备当地风味早餐，晚上煮热水让我们洗澡。犹记离开的那天早上，我与好友们竟心生依依离情！

姜黄
Turmeric

材料

香米	4杯
斑兰叶	1长片
水	3.5杯
椰浆	0.5杯
姜黄粉	1/2小匙

做法

将香米及斑兰叶洗净，倒入所有材料拌匀，
放入电锅中煮至熟透即完成。

薄荷蔬果沙嗲串

　　设计这次的巴厘岛餐桌主题，想让美味的沙嗲酱有更广泛的用途，于是就想到这款简易味美的蔬果串烧，可选择的蔬果变化很大，当然视觉的配色也很重要。烤箱烘烤容易释放水分，风味口感都略有影响；烤架烘烤易有烟熏味，但风味呈现会来得好一些。这部分可依个人喜好考量，但我比较建议用铁钎来串插食材，市售的竹钎含有不好的成分，经高温渗入食材，对身体是一种伤害。若是家里有种植香草，**可用迷迭香枝条、香茅根等较硬的素材，将食材穿起烘烤，过程以及成品，都有着隐约香气。**

　　香草枝条除了在穿插食材时使用，有一年家族聚会烤肉派对，我用花园里的迷迭香做成一小把迷迭香烤肉刷，虽然香气并不怎么浓郁，但一票侄辈们看到这小刷子都觉得实在太有趣了。除了当刷子，若是迷迭香的量够多，也可以加入木炭里一起燃烧，除了香气渗进食材里，其抗菌功效也能净化木炭烟熏。中古世纪教堂有燃烧迷迭香的仪式，究其因也是因其驱邪防疫病的功效。品尝烤蔬果串时，也可搭配新鲜绿薄荷叶，沁凉气息与Sambo十分合拍！

薄荷
Mint

材 **V** 料

杏鲍菇	1条
香菇	4朵
青椒	1颗
红甜椒	1/2颗
黄甜椒	1/2颗
沙嗲酱	适量（详见83页）
绿薄荷	适量

做 **V** 法

1 将杏鲍菇、香菇、青椒、红黄甜椒切小块，穿在铁钎上。

2 放入烤箱，用200℃烤15~20分钟。

3 取出蘸沙嗲酱和绿薄荷叶末即可享用。

柠檬香茅酸甜天贝

柠檬香茅台湾就有栽培，在其他东南亚国家也十分常见。富含的柠檬香气及帮助消化等特性，不论是拿来泡茶还是结合料理，对身心健康都颇具正向助益。

这次在有机农场的料理教室，其中有一道炒天贝，就是运用柠檬香茅和另一款也具浓郁柠檬香气的马蜂橙叶。马蜂橙叶又名泰国柠檬，英文为Kaffir Lime，所以又称卡菲尔莱姆、泰国莱青柠。叶子为两段叶，果实比柠檬小，外皮凹凸不平，故称马蜂橙，是泰国知名的东炎酱及海鲜汤制作时的必备香草。

这道料理除了香草类，当然还有主角天贝（Tempeh），天贝也称丹贝，这是一种经由黄豆与天然菌种发酵完成的食材。据文献记载是接近十九世纪时由荷兰人发明的，而印度尼西亚曾是荷兰殖民地，所以天贝也成了印尼的传统食材。由于口感类似肉类，又富含营养价值，于是在近几年健康饮食风潮的带领下，许多蔬食餐厅开始大量运用。这两年在台湾的异国风味餐厅，也很常见。

这次在有机农场料理课上就做了这道香料炒天贝，炸过的天贝与炒香的辛香料拌炒，再加上些许棕榈糖及卡菲尔莱姆汁，那风味令我与好友们赞叹。酸甜滋味搭配酥脆的天贝，让人一口接一口吃得停不下来。

餐会上有小部分学员不太能接受天贝，总觉得有股发酵的怪味道，后来一位研究发酵饮食的朋友，会自制天贝，且是用油煎再搭配酱汁的方式品尝，这种方式感觉比油炸健康许多。于是当她自法国返台度假时，我便邀约她与学员们分享发酵料理的健康概念。当天她以天贝为主食，先用酱油稍腌渍再油煎，搭配现煮的芒果酱，瞬间天贝从热炒店来到了法式餐厅，令人对它的印象大翻转。

柠檬香茅
Lemon Grass

材料

天贝	450克
椰子油	1大匙
水	80~100毫升
棕榈糖	1.5~2大匙
酱油膏	2大匙
蒜头	8颗
红葱头	10颗
辣椒	3~4条
柠檬香茅根	2枝
马蜂橙叶	2片
白胡椒粉	1/4小匙
柠檬	1颗
葱	1根

做法

1. 将天贝切成适量大小；蒜头和红葱头切碎；辣椒和柠檬香茅根部斜切段；马蜂橙叶切丝备用。
2. 锅烧热倒入植物油，放入天贝，用中小火炸8~10分钟，呈金黄色后捞起备用。
3. 将水、棕榈糖和酱油膏混合均匀备用。
4. 热锅放入椰子油加热后，放入蒜头、红葱头、柠檬香茅和辣椒拌炒约5分钟，待香气释放，放入天贝拌炒1分钟，再倒入做法3、马蜂橙叶和白胡椒粉，待汤汁收干；最后加入柠檬汁、柠檬皮屑和葱迅速拌炒即完成。

 小笔记

冷却之后食用，口感尤佳。

斑兰椰丝糯米球

这是同行好友非常喜爱，每回到巴厘岛必吃的甜点。犹记初抵达那几天，她不断寻觅着，终于在市场小贩那买到，开心地与我们分享。这款甜点吃起来口感像汤圆，咬一口那棕榈糖内馅，便在嘴里瞬间融化，加上外皮裹着椰子丝的香气，真是一道美味又富有惊喜感的甜点。

回家之后，我就用露天花园长得茂密的斑兰叶来试做。而内馅除了棕榈糖，也灵机一动加入最平易近人的绿薄荷叶，没想到有意外之喜。咬一口，那爆浆般的棕榈糖液交融着薄荷的丝丝清凉气息，再加上皮里皮外那芋头及椰子香气，真是味蕾丰美的一道小甜点啊！最重要的是，它的做法不至于太繁复，不论热食冷尝都有不同口感，很值得亲手一试。

回想起餐会里制作这道甜点时，许多画面及笑脸交叠浮现。厨房中岛炉上锅里蒸腾着热气，随着一粒粒丸子入锅，斑兰叶的芋头香气在空间缭绕着。有人搓丸子，有人负责将煮熟的丸子捞起裹上椰子丝。彼此笑闹着谁的丸子外形最不圆，谁的越搓越大颗。欢乐的气氛与弥漫的香气，像一首轻快悠扬曲子，在此刻的脑子里进行着。

每每在这样的氛围中，更能彼此激荡出创意料理想法。我说，若是没有新鲜斑兰叶，或许可以用抹茶粉来代替，于是开始有其他想法抛出。

内馅或许可以用奶酪喔！入口时融化一定很好吃……

或许也可以用红豆！

或许斑兰叶可以换成艾草试试！

我很爱这样创意纷出的时刻，总会深深地烙印脑海里。这道甜点一定得让常去巴厘岛的好友夫妇们品尝，他们非常喜爱，尤其是那灵机一动出现于内馅的薄荷叶，到现在我仍清晰记得大家品尝这款糯米球时那又惊又喜的表情，我的喜悦之情更溢于言表。

斑兰叶
Pandan

材✔料

糯米粉	400克
斑兰叶	30克
水	300毫升
棕榈糖末	适量
薄荷叶	适量
椰子丝	适量

做✔法

1　将斑兰叶和水放入调理机搅打后，再过滤取其汁液300毫升备用。

2　糯米粉用斑兰叶汁稍微混合，捏两小块约拇指大小的米团（粿引），放入开水中，待浮起即捞放于松散粉团中，慢慢搓揉成光滑面团，置于室温下松弛约10分钟。

3　分成小球状，在中间塞入棕榈糖及薄荷叶；起一锅开水，放入汆烫，待浮出水面后，捞起并裹上椰子丝即完成。

甜罗勒风味果茶

那天，我们一行人来到位于巴厘岛市郊的船屋餐厅。点好菜之后，几乎每位好友都点了一颗椰子当饮品。而我正当犹豫之际，瞄到菜单有一款融合新鲜甜罗勒的果汁饮品，非常好奇它的风味，于是点了一杯来尝鲜。没想到甜罗勒的独特香气，与多款果汁及果肉的结合，意外地好喝。

于是这款饮品，也纳入此次巴厘岛主题餐桌上。**几乎每一位看到菜单的朋友，无一不在脸上打上问号，很难想象三杯料理的提香主角，与果汁融合会产生什么呢？** 但当大家亲手制作这杯饮品时，除了先赞叹其色彩之缤纷，坐定拍完照后轻啜一口，无不惊艳地说着："哇！好好喝呀！淡淡的甜罗勒香气在这里面，一点也不奇怪！"

这道饮品最适合柳橙与葡萄柚汁，以3：1的比例调匀。水果以配色及口感为首要考量。而甜罗勒籽也颇为重要，一来丰富口感与视觉；二来它所含的营养成分，对眼睛有许多助益。若是不易购买，也可以用奇亚籽来取代。它们在浸泡后，种子都会产生透明薄膜的效果，可增添口感。

甜罗勒
Sweet Basil

材 ✓ 料

甜罗勒	3片	蜂蜜	适量
甜罗勒籽	1大匙	菠萝	适量
柳橙	2颗	猕猴桃	适量
葡萄柚	1/2颗	蓝莓	适量

做法

柳橙、葡萄柚挤汁，加上3～4倍
冷水。其他水果切丁，再加入
甜罗勒籽、适量蜂蜜及甜罗勒，
用力搅拌至香气释放，即完成。
（本食谱使用柠檬罗勒叶。）

可酌量加冰块，风味更棒！

夏日香草厨房

Chapter 3

甜罗勒

Sweet Basil

唇形花科罗勒属，一二年生草本植物。

利用部位： 花、叶、果实

常见品种： 甜罗勒、紫红罗勒、柠檬罗勒、九层塔

罗勒

✓ 特性

原生于印度及非洲等地，具有独特香气。在台湾几乎与青酱画上等号。但多数餐厅所用的青酱材料，都为同科属的九层塔。因为两者香气相似，在台湾不论自种或购买，九层塔都显得更易取得。就我个人感觉，若以生食来论，罗勒的风味仍是较九层塔精致许多的。

✓ 栽培重点

喜欢全日照以及肥沃土壤的种植环境。播种的发芽率极高，扦插也很适合。两者都适合在春天进行，因为在台湾，四季中就属夏天是罗勒生长最好的季节。秋冬时，会开始密集开花，若要使用叶片，建议时常摘芯并修剪花序，避免养分不足，导致叶片变少、变小。也可待花朵干枯结籽，待来年春天再进行播种。

✓ 使用方法

罗勒花叶皆适合生食，烘烤时酌适量添加，或与九层塔及香芹以1：1比例配置，再酌量添加蒜头、奶酪粉、橄榄油制作成青酱。紫红罗勒具有天然的紫红色泽，适合拿来制作罗勒油（醋）或腌渍时蔬罐。而具有柠檬香气的罗勒则最适合拿来冲泡入茶饮或融入果汁里。

✓ 保存方式

新鲜食用香气最浓郁，干燥保存也可以。

✓ 料理好伙伴

豆类、米麦类、菇类、鸡蛋、奶酪、番茄、马铃薯、甜椒、茄子。

柠檬香茅

Lemon Grass

别名： 柠檬草
禾本科香茅属，多年生草本植物。
利用部位： 叶及根茎
常见品种： 柠檬香茅、香茅、马丁香茅（Palmarosa）

✔ 特性

柠檬香茅原生于印度及斯里兰卡等地，原产的柠檬香茅与东南亚、南美洲及非洲等地的香茅香气略异。香茅叶片较宽气味较呛，具有驱虫与杀菌功效，早期台湾常以其生产芳香加工品，并大量出口。另外，还有一款比较不常见的马丁香茅，狭长叶片中间会有分枝，略带花香调，别称为玫瑰香茅。马丁香茅具舒缓神经及对皮肤有收敛保湿功效，故也用于芳香疗法及保养品中。

✔ 栽培重点

非常能适应高温多湿的夏季，地植几乎不需多费心力照顾，盆植建议用直径7～10厘米的盆器，让香茅的根系有足够的空间生长。

✔ 使用方法

浓郁的柠檬香气，不论泡茶或入料理，都很适合，具有帮助消化的功效。在东南亚的泰国、印度尼西亚、越南等国家，也大量应用于生活饮食中。由于天然精油含柠檬醛，具有抗菌、防虫及芳香等功效，也适合加工成各种个人或居家芳香用品。

✔ 保存方式

新鲜食用香气最浓郁，干燥保存也可以。

✔ 料理好伙伴

米麦类、根茎蔬菜、甜品、茶。

紫苏

Perilla

唇形花科紫苏属，一二年生草本植物。

利用部位： 花、茎、叶

常见品种： 红紫苏、青紫苏、皱叶红紫苏、皱叶青紫苏

特性

紫苏在台湾十分常见。日本料理店常见以青紫苏搭配食材，而红紫苏则常见融合于紫苏梅酒（梅子）。近几年除了平叶品种之外，也开始有如波浪皱褶的皱叶品种，但香气并无太大差别。

栽培重点

紫苏喜欢全日照环境，若日照不足，叶片颜色会呈深绿色，香气也会变淡。夏秋两季是其盛产季节，所以若见花序抽长，要尽量修剪，不然养分集中开花，植株很快就会萎凋。红紫苏的自播长成率很高，露天花园里，几乎只种过一两棵，接连数年每逢春天，就会看到红紫苏小苗，四处萌芽，是非常平易近人的香草。

使用方法

青紫苏的口感较纤嫩，适合生食，这在日本料理店很常见。红紫苏嫩叶也适合生食，或者拿来煎蛋；叶片则适合拿来浸渍或腌渍，取其香色。青红两色都具有开胃及抗菌的功效，在日本被大量使用。红紫苏适合加工成紫苏盐、酒、醋等，也适合冲泡香草茶。我个人尤爱红紫苏、甜菊及薄荷的风味香草茶，很适合缓解初夏的燥热。在紫色茶汤里，加入半颗柠檬汁，会立刻转化成柔美的粉红色，聚会时跟朋友们分享，相当有趣和引人注目。

保存方式

新鲜或干燥皆可。

料理好伙伴

米麦类、豆类、鸡蛋、根茎类（山药、莲藕）、小黄瓜、苦瓜、梅（李）子、茶饮、甜点。

甜菊

Stevia

菊科甜菊属，一年生草本植物。
利用部位：茎、叶

✔ 特性

甜菊叶，顾名思义具有甜度，约为蔗糖的200倍且热量较低，在欧美被作为代糖使用。除了甜味并无香气，一般拿来冲泡香草茶，增加甜味。

✔ 栽培重点

甜菊喜欢全日照环境，台湾夏日是甜菊盛产季节，反之冬天生长速度较慢。入夏时，宜多修剪枝叶，可促进分枝。若顶端开出白色小花，要尽量摘除，避免消耗供给叶片的养分，植株易老化。土壤的水分不宜过多，容易造成根部萎烂。

✔ 使用方法

大都拿新鲜叶片来泡茶，300毫升约加入1～2片即足够，泡久甜度会更明显。干燥叶片的甜度更高，可在夏季盛产时风干保存，供秋冬两季使用。

✔ 保存方式

新鲜及干燥皆可，干燥叶的甜度会更加明显。

✔ 料理好伙伴

茶饮、甜品。

薄荷

Mint

唇形花科薄荷属，多年生草本植物。

利用部位： 花、茎、叶

常见品种： 绿（荷兰）薄荷、胡椒薄荷、瑞士薄荷、茉莉亚甜薄荷、葡萄柚薄荷

葡萄柚薄荷

特性

　　薄荷具有清凉气息，是耳熟能详的香草。品种繁多，原生约六百种，衍生约两千多种，且属用途最广泛的香草。品种命名大都以香气来区分，常见有苹果薄荷、葡萄柚薄荷、柳橙薄荷等，但巧克力薄荷是因枝条色深相似，并非具有巧克力香气。其他也常以地域命名，如日本薄荷、荷兰薄荷、瑞士薄荷等。所有薄荷皆具有帮助消化及舒缓镇静的功效。

栽培重点

　　薄荷喜欢日照充足及略微潮湿的土壤。冬天生长态势较差。盆植要注意水分是否足够，当底部根系窜出，得换盆以增加生长空间。若地植要注意其根系的匍匐特性，避免干扰较弱势的植物生长。也可将薄荷种在同一区。

使用方法

　　依品种区分，叶片质地也稍有不同。绿（荷兰）薄荷及苹果薄荷的叶片纤嫩，清凉度适中，适合生食或拌入沙拉。而其他水果薄荷系列，及瑞士薄荷、胡椒薄荷等，凉度较高适合泡茶或融入果酱（糖浆）。

保存方式

　　新鲜或干燥皆适合。

料理好伙伴

　　米麦类、豆类、水果类、菇类、瓜类、鸡蛋、奶酪。

马蜂橙

Kaffir Lime

别名：泰国柠檬叶
芸香科柑橘属，小乔木。
利用部位：叶、果实

特性

原生于亚洲南部，目前在中南半岛、印度尼西亚、泰国、马来西亚等皆大量种植运用。两片叶连生是其特征，前端嫩枝有细刺，新叶呈暗红色。在台湾，入春时节会开花结果，绿色果实外表呈凹凸状，似马蜂窝也是其植物名的由来。它是泰式酸辣汤的基础香料，故又有泰国柠檬叶的别称。虽都有柠檬两字，但与一般常见的柠檬树叶香气截然不同，马蜂橙多了股难以形容的香气。因多数东南亚商店或超市，只标明柠檬叶，怕混淆予以说明。

栽培重点

属热带植物，耐寒性较差。春天一到，顶端开始长出嫩叶，也会陆续开花结果，若植株较小，而花果数量过多，要适时疏拔，避免植株养分耗弱影响生长。冬天寒流低温时，可搬至温室或半室内空间，以防寒害。

使用方法

叶子是泰式料理的常见香料，经典的泰国酸辣汤（Tom Yam Kung）主要材料就包含马蜂橙叶、南姜、柠檬香茅与辣椒等。东南亚风味咖喱及椰浆等料理，也会加入叶片。可将叶片稍撕裂口，料理初始就要放入，烹调热度能使香气释放并均匀融入。果皮及果汁具有独特香气，很适合放入蛋糕里。

保存方式

新鲜或干燥。

料理好伙伴

豆类、根茎类。

斑兰叶

Pandan

别名： 香兰叶、七叶兰

露兜树科露兜树属，常绿灌木。

利用部位： 叶

特性

叶片狭长似剑，有点像林投树或菠萝叶。具有独特香气。新鲜叶片较不明显，但若用热水冲泡，则能嗅闻到一股类似芋头的香气。在东南亚国家很常见，除了煮白（稀）饭会加入增添香气。也会运用叶片颜色及香气，再制成各式饮品或甜点。

栽培重点

原生于东南亚，能适应温暖及略潮湿的环境。半日或全日照环境皆可。盛夏全日照环境，偶见叶缘稍枯黄，只要稍加修剪就能使用。不太需要修剪，使用时从外围叶片开始采收即可。

使用方法

新鲜叶片泡茶，榨汁结合其他食材，可再制成甜点。如香兰蛋糕、娘惹糕等，在东南亚诸国十分常见。

保存方式

新鲜或干燥皆宜。

料理好伙伴

米麦类、甜点、饮品。

悠游
托斯卡纳[1]
的艳阳

相信很多人都看过《托斯卡纳艳阳下》这部电影，对于托斯卡纳的乡间田野风情及古老山城石屋无不心生向往。而我对于此地的印象，大都来自于《托斯卡纳艳阳下》这部改编电影的原著作家弗朗西斯·梅斯（Frances Mayes）女士笔下。我几乎读过她所有的著作，字里行间仿佛有条穿越时空的隐形隧道，跟着她与夫婿艾迪，一起穿梭位于科尔托纳（Cortona）的百年乡间石屋——巴摩梭罗（Balmesole）。在花园莳花弄草，或在厨房一起做菜，又或者一起散步到不远处的科尔托纳城中心，与邻居店主们啜饮咖啡，闲话家常。

2014年初夏，我与几位好友决定到意大利旅行半个月，除了米兰、威尼斯与罗马，大部分时间都停留于托斯卡纳大区的几个城镇，锡耶纳（Siena）、皮恩扎（Pienza）、科尔托纳（Cortona）等。自驾转悠于城乡之间，度过了非常难忘且美好的托斯卡纳居游小日子。当然爱料理的我，旅行前也在网上预约了料理教室。这间教室位于科尔托纳，抵达时才发现这里也是民宿，由一家人经

---

1 托斯卡纳：托斯卡纳不是一个城市，而是一个区域的名称。它是意大利中部著名的葡萄酒之乡，是意大利最具魅力的地区之一。

营，母亲与女儿皆任料理课老师。

那天进入教室时，木桌上已备好红白酒及佛卡恰（Focaccia），典型的意大利迎宾法。厨房小巧雅致，中岛台面有盛装蔬果的藤篮，上方挂着各式香料串与料理器具，还有芭芭拉母女俩的笑脸迎人。那天荦素各做了好几道料理，重头戏是芭芭拉母亲教授的手工意大利面，虽已过数年，但一回想起那天餐桌上的意大利宽面，味蕾仍记忆犹新。而那天的景象也清晰如昨，我们与主人一家及民宿客人，一起围坐长木桌共食。杯觥交错欢声笑语，仿佛受邀至意大利的家庭聚会般，与好友们皆有了此生难忘的旅行回忆。几次旅行中发现，最棒的旅行方式莫过于与当地人有着至少一餐一宿的交流，不必担心语言问题，因为肢体与微笑就是全球共同的语言，能为彼此建立情谊。

回来后，一场初夏的旅行，在风和日丽的初秋于香草满屋中，再一次交织激荡着美好氛围。当天除了动手料理几道托斯卡纳风味餐食，也特别制作课件，在餐会后播放分享，并用旅行拍回的照片印成明信片，送给参加的朋友们。期待透过音乐及图文，带领大家神游托斯卡纳，领略体验我在旅行期间，所触动内在的那份美好感受。

其中一场，一位来自台南的固定班底朋友，带来她的另一半。鲜少有男士参加的料理餐会，在我眼里有了不一样的氛围。已近退休的夫妻俩，生活里多了份闲情逸致，一早彼此陪伴辗转搭车北上，这份心意令我感动。餐会进行间，互动中有份平实温情。这位朋友常在她的脸书分享日常，那看似朴实的乡间生活，看似随遇而安的态度，早已日渐转变为独特的个人处世智慧。而我相信，这份感觉也悄悄传递给其他有心人，进而带给每个人不一样的生活反思或觉察。**每每思及此，心里着实感恩。感恩这个空间所散发的氛围，让料理教室不只教授料理，更扩展成生活的更大维度，在不同层面，成为彼此的老师，互相滋养以增加彼此的生命厚度。**

四款布鲁谢塔

　　布鲁谢塔（Bruschetta）是意大利的经典前菜，用烤过的面包片铺上各式食材，可搭配各种酒款，在正式餐点上菜前品尝。街坊也有些小餐酒馆，橱柜里摆满色彩缤纷的布鲁谢塔，你可以或站或坐，点两片搭配酒饮，小食一番。

　　此刻，当写到布鲁谢塔这道料理，2014年初夏，于皮恩扎（Pienza）的旅行回忆，被召唤苏醒。那日跟好友们决定各自放飞，我悠闲信步街巷，在公园停留了一会儿，走进一间餐厅，在老板的推荐下，品尝了两款布鲁谢塔，一款咸味（混合鼠尾草与奶酪），另一款甜味（奶酪淋上蜂蜜佐着鹰嘴豆食用）。

　　"要不要来杯蒙特普齐亚诺的红酒呢?"老板问我。

　　"Si，Grazie!"蒙特普齐亚诺（Montepuulciano），这关键字打动了我。

　　当第一道布鲁谢塔端上时，我傻眼了，这布鲁谢塔足足我一个手掌大小呢！尝了一口，嗯！好吃！发现意大利人很喜欢将鼠尾草与奶酪作为料理组合，而且风味的确挺让我惊艳的。一个人缓慢地，边细细品尝边啜饮红酒，偶尔停下来，写写明信片，或者翻开书读个几行。悠哉地吃了近两小时的早午餐，望着门外的墙上，似乎有阳光洒落，于是下楼结账与老板夫妻道别。推开门，才发现虽然雨停了也有阳光，但风势挺强的，便立即将风衣穿上，一个人漫无目的地再度穿梭于古老巷弄里。

迷迭香
Rosemary

百里香
Thyme

迷迭香炙烤菇

材料

杏鲍菇	1条
迷迭香	2枝
盐	适量
黑胡椒	适量
橄榄油	适量

做法

1. 杏鲍菇切片，在锅底铺上迷迭香，干煎至稍焦黄，用黑胡椒粉及盐调味。
2. 起锅前淋上适量橄榄油即完成。

百里香烤香茄

材料

茄子	1条
原生百里香	3~5枝
盐	适量
黑胡椒	适量
橄榄油	适量

做法

1. 茄子切段，约0.5厘米厚，在锅底部铺些百里香，两面翻煎过程用盐和黑胡椒调味后取出。
2. 表面刷上橄榄油，再撒上少许百里香叶即完成。

芝麻菜
Rocket

芝麻菜凉拌番茄丁

材∕料

番茄	1颗
芝麻菜	适量
各种喜爱的	
硬质奶酪	适量
盐	适量
黑胡椒	适量

做∕法

将番茄切丁，加入芝麻叶后，用盐和黑
胡椒调味，表面再刨上奶酪即完成。

甜罗勒
Sweet Basil

香草时蔬甜椒烤盅

材/料

甜椒	1颗
橄榄油	适量
盐	适量
黑胡椒	适量
番茄	1颗
黄节瓜	1/2条
绿节瓜	1/2条
费塔奶酪（Fete）	适量
甜罗勒	4~6片

做/法

1. 甜椒切成四个长条状，用橄榄油、盐和黑胡椒调味后，放入烤箱，用200℃烤10~15分钟，使其软化并将水分去掉。

2. 番茄和黄绿节瓜切丁备用。

3. 将番茄、节瓜丁和费塔奶酪放入甜椒中，再烘烤6~8分钟，取出放上甜罗勒即完成。

清炒蒜辣手工意面

  Pici是托斯卡纳当地的特色手工面条，原本在预约课程时，希望能亲手揉制这面条，但由于女主人芭芭拉已答应其他成员要制作意大利宽面，所以只好作罢。亲切的芭芭拉说，虽然不能亲手做，但她还是会为我们准备Pici让我们品尝。**外形看起来跟乌龙面很相似的Pici，其实口感与之大不同，面条口感相当扎实，且富有咬劲。**我们这趟吃了好几回，不过就像意大利面一样，有人吃软一些，有人则喜欢保留口感的硬度，我就是属于后者。当天午食芭芭拉上了一道清炒Pici，拌着辣度十足的干辣椒食用，真的令我回味啊！

香芹
Parsley

材／料

蒜头	2颗
洋葱	1/6颗
托斯卡纳	
手工面条（Pici）	适量
盐	适量
黑胡椒	适量
新鲜辣椒（辣椒粉）	适量
细香葱	1枝
香芹	1枝
现刨奶酪（奶酪粉）	适量

做／法

1　蒜头、洋葱切末，再放入锅中爆香，放入Pici 拌炒，加入少许煮面水略煮（勿煮过久保留 口感），并用盐和黑胡椒调味。

2　最后加入辣椒、细香葱和香芹，盛盘后刨上 少许奶酪，并请趁热品尝。

托斯卡纳手工面条（Pici）

材✔料

中筋面粉	350克
全麦面粉	150克
全蛋	1颗
水	200毫升
橄榄油	1～2大匙
盐	1/4小匙

做✔法

1. 将中筋面粉及全麦面粉混合后，在中央挖个小洞，放入全蛋和水，稍微搅拌后，再加入橄榄油及盐；接着揉至表面光滑，并静置20～30分钟。

2. 将醒好的面团分成小块擀约0.3厘米厚度，切0.3～0.5厘米宽度条状，再用手搓揉成圆面条状（约筷子粗），完成Pici面条。

3. 煮一锅水，加入大量盐（一定要够咸，因为Pici面条很粗），滚沸时放入Pici，约5分钟待面条浮起，即可捞起备用（若不立刻料理，记得淋上少许油防粘黏）。

提拉米苏

　　这道意大利的经典甜点，总会让我想起一件甜蜜往事。过往的几本书里偶尔会提到我的儿子Eric。从他小学起，我便让他进厨房当小帮手，所以目前二十岁的他，已大都自行料理他的健身专属餐点。记得他中学时央求我教他做一道甜点，他想带去学校跟同学分享，那时做的正是提拉米苏（Tiramisu），因为不必烘烤又是青少年会喜欢的口味。结果大家猜猜怎么了？这道甜点带来了他人生的初恋情缘，虽然这段初恋仅维持一两年，但相信提拉米苏对他而言别具意义。

　　提拉米苏的原意是"带我走"，所以未婚男士可以将这道不必烤箱的甜点学起来！

　　传统的提拉米苏蛋糕底部，是用浸泡过黑咖啡的拇指饼干铺平，但台湾较常见的做法是用碎饼干加黄油混合铺平压实，这两种做法各有所爱，而台湾人还是较喜欢后者改良的饼干底。也很常见将提拉米苏放入玻璃杯里，方便一人一杯食用。我试过将表面的可可粉换为抹茶粉，吃起来也挺对味的。

　　对于很多传统的经典料理，我会先了解它的由来典故及正宗做法，但也不排斥用当地食材取代或延伸，融合中能展现料理的多元风貌。

薄荷
Mint

材料

饼干粉	120克	马斯卡彭奶酪（Mascapone）	250克
无盐黄油	45克	蜂蜜	1大匙
吉利丁片	3.5片	咖啡酒	1大匙
全蛋	2颗	防潮可可粉	适量
砂糖	40克	食用玫瑰花、绿薄荷	适量
鲜奶油	150毫升		

做法

1 黄油隔水加热后，与饼干粉拌匀，铺放并压实于模型底部；放入冰箱，冷藏20分钟定形。

2 吉利丁片用冷水泡软备用；全蛋和砂糖打匀后，用小火隔水加热，再加入泡软的吉利丁片拌匀后，取出冷却备用。

3 鲜奶油用电动搅拌器打至六分发后，再加入马斯卡彭奶酪、蜂蜜与咖啡酒拌匀。

4 将做法3分次加入做法2中，需拌匀之后再加入下一次，以免结块。

5 取出做法1的饼干底，倒入做法4，再放入冰箱冷藏约12小时；食用前，筛上一层防潮可可粉，并放上食用玫瑰花及绿薄荷即完成。

香草柠檬水果饮

    这款饮品是以柠檬酒为发想。柠檬酒是意大利的传统酒品，因为气候关系，意大利的黄柠檬生长态势良好，柠檬鲜黄硕大、香气浓郁，南部地区尤为明显。这柠檬酒就像原住民的小米酒般，家家户户都有着自己私家珍藏的比例与做法。虽然是水果酒，但它可是以酒精度为40%左右的基底烈酒再去酿制而成的，非常烈口。对多数人而言仅能浅酌，我个人相当喜爱那股弥漫在嘴里的柠檬余韵。于是便发想以它为基底，加入气泡水、香草与水果调制成这期餐会的意大利风味饮品。

    原以为太烈的柠檬酒，没想到在餐会上深受好评。几位酒量佳的学员，在后续餐会中常问到，这次餐会有柠檬酒吗？后来只要看到黄柠檬，便会买上几袋，回家制作存放，以备不时之需。

    在香草柠檬水果饮做法之后，也与大家分享我的柠檬酒做法，因为柠檬酒只取皮制作，所以我会将柠檬汁加上薄荷熬煮成糖浆，冷藏保存可调制饮品。

薄荷
Mint

材 ✓ 料		做 ✓ 法
时令水果	适量	1　时令水果切丁与香草末及蜂蜜拌匀，稍浸渍。
香草（薄荷、柠檬系香草）	适量	2　柠檬（柳橙）汁、气泡水、香草与蜂蜜混合成微甜基底饮品。
蜂蜜	适量	
柠檬（柳橙）汁	适量	3　饮用时，在杯里倒入柠檬（水果）酒，再倒入做法2的基底饮品，舀几匙做法1的腌渍水果，搅拌均匀即完成。（水果酒比例，依个人喜好调整。）
气泡水	适量	
柠檬酒（或其他水果酒）	适量	

柠檬酒

材料

黄柠檬	20颗
伏特加（Vodka）	1750毫升
砂糖	300~350克
水	900毫升

做法

1. 柠檬洗净风干一晚，用刨刀削下外皮（尽量避免削到白色部分）。
2. 将柠檬皮与伏特加浸泡一周；每天摇晃数次，使香气、颜色释放且融合均匀。
3. 一周后，过滤取酒液；将砂糖与水煮成糖浆，待冷却后与酒液混合2~3天，取干净玻璃瓶装入，可直接冷库保存，饮用时再取出。

柠檬糖浆

材料

柠檬汁	400毫升
水	400毫升
砂糖	400~500克
新鲜薄荷	10~15克

做法

1. 将柠檬汁、水和砂糖放入锅中，待煮开后转中小火煮约20分钟，薄荷最后10分钟再放入。
2. 熄火过滤后，待凉装入瓶中，冷藏可保存约半个月。

小笔记

· 可直接加冷水（冰块）饮用；或者调酒或鸡尾酒中，酌量添加。

· 打果汁、腌渍小菜也可酌量添加。

· 干燥薄荷也可，但稍减量。薄荷品种多，清凉感也有所差别。

· 除了柠檬，其他当季水果也适合与香草煮成糖浆。例如，柳橙、百香果等都很适合与薄荷煮成糖浆。

欧亚融合风格香草餐会

近几年发现，自己似有意若无意，总习惯将各个领域的朋友们，借由在家聚会认识彼此，进而各自发展友谊，也乐见兴趣相投者成为好友。餐会学员中不乏各领域好手，于是2016年我在脸书办了"香草满屋·香草料理餐会"私密社团，成员是曾参加过餐会的朋友们，也特别列出具有各专业领域才能的朋友名单，希望彼此能有更多交流或联系。

想想，近几年生命中的几段深厚友谊，不也都是透过各种因缘际会而来的吗？至于友谊的后续发展，就得视彼此缘分的深浅与安排。诚挚祝福从此而生的每一段友谊，都是善美缘分的开端。

细香葱菌菇丝瓜盅

丝瓜是我很喜欢的食材，每逢盛产季节，常常一个人的午餐就是丝瓜面线。将蒜片炒香再加入丝瓜片，只需要数分钟焖煮，丝瓜就能释放出香甜汤汁。再将烫熟的面线浸润于清甜汤汁里，撒上些许枸杞，如此朴实简易的传统料理，于我而言真是百吃不厌，也是一道适合夏日的养生料理。

想让自己偏爱的当地食材，有不同的料理风貌呈现，于是发想了这道前菜。 将蒜末及胡萝卜丁与南欧的特色食材牛肝菌，利用蛋液拌匀使之稍具黏合性，清蒸出炉后，再撒上大量的细香葱末，淋上蒸盘底的丝瓜汤汁，热腾腾汤汁让不宜久煮的细香葱，散发独特淡雅的香气，为这道料理锦上添花。

细香葱
Chive

材料

丝瓜	1/2条	全蛋	1颗
蒜头	1大匙	盐	适量
细香葱	适量	白胡椒粉	适量
胡萝卜	2大匙	黄油	
牛肝菌	2大匙	（视喜好添加）	1/2小匙

做法

1　丝瓜削皮切圆状（高度4~5厘米），挖掉三分之二的囊籽呈小容器般备用。
2　蒜头和细香葱切末；胡萝卜切丁；将牛肝菌用热水软化后切丁备用。
3　将全蛋、做法2、盐和白胡椒粉拌匀，倒入丝瓜盅里，再加上黄油；放入电锅蒸6~8分钟，取出放上细香葱末，淋上丝瓜汤汁即完成。

迷迭香奶酪丸子

　　常在香草生活讲座中分享，迷迭香与马铃薯是料理组合的好朋友，而常来餐会的朋友们，想必也都深植脑海。我的家庭食谱，马铃薯除了拿来煮咖喱与酱油炖时蔬，最常见的做法是将马铃薯切片与迷迭香一起烤，品尝纯粹原味。或者蒸至七八分熟，裹上迷迭香及红椒粉，再放入平底锅半煎炒，香辣味美无疑是下酒好菜一碟。或者偶尔来个现炸迷迭香薯条，将迷迭香枝条放入油锅里，马铃薯切条状，放入高温锅里炸至金黄，捞起再裹上自制迷迭香胡椒盐，一出炉可是赞叹连连，出手不够快，就无缘品尝了。

　　记得好多年前，尚未在家进行香草料理餐会，受邀香草讲座时即现场制作迷迭香薯条，那时有一名中年男士，正欲改行转换跑道。**吃完薯条的他，若有所思开心笑说着，若以这个香草薯条来创业，或许是个好主意。不知时隔多年的他，后来转到哪个行业，生活过得快乐与否？**

　　不过喜爱香草的我，还真认为这是个不错的点子。也常想着许多平民小食，若能融入新鲜香草，就如刚出炉的咸酥鸡撒上一把罗勒般，不仅增添风味也更为健康。

　　以下这道迷迭香奶酪丸子的做法，与可乐饼雷同，只是形状改为圆球形，里面加了辣椒奶酪块。咬下去那微辣的爆浆风味，当下会看到一张张如花绽放的笑脸迎着我。除了单纯品尝，也可以蘸食番茄或莎莎酱。若手边有剩余白饭，也可以一起拌入薯泥揉成团。

迷迭香
Rosemary

材料

马铃薯	2颗
盐	适量
黑胡椒	适量
迷迭香	1枝
奶酪丁	8~10个
低筋面粉	适量
蛋液	适量
面包粉	适量

做法

1. 将马铃薯蒸熟压成泥状，再加入适量盐、黑胡椒及迷迭香末拌匀。

2. 奶酪切约1厘米立方，包裹于球状的马铃薯泥中。

3. 将马铃薯丸子依序粘低筋面粉、蛋液和面包粉后，放入油锅中，以中小火炸至表面呈金黄色，即可起锅趁热品尝。

133

薄荷花生豆腐

　　这道虽名为豆腐，但并非黄豆制品，只是外形类似豆腐所以取其名，其内里可是扎实的花生做成的。犹记得多年前回到故乡宜兰，与家人们先到礁溪林美山的佛光山滴水坊用餐，席间品尝了一道略呈灰色的"豆腐"，口感细致软绵，有着浓郁的花生香气。问了店里服务人员，原来是花生打成汁再加上玉米粉凝结而成的。这样好吃的料理，怎能不试试，怎能不与餐会学员分享呢？

　　那时正值各式粉制品的食安问题沸扬之际，首先要先找到安全无虞的玉米粉。几经搜寻，找到台东一处用有机栽种的玉米再制成的玉米粉，虽然单价高了许多，但对我而言，不论家人或学员，吃得健康安心才是最重要的。同时也想将食当地、支持当地农民的想法推广出去，借由学员们的再分享传递，为这块土地尽一己之力。

　　这道料理非常受学员们的喜爱，回家动手尝试的概率颇大，也有学员尝试用腰果取代花生，成品令家人十分喜爱，听到这样的举一反三的回馈，我总是十分欢喜地再与其他学员分享。

　　花生豆腐的呈现方式有很多变化，这次餐会是以各种形状的饼干模型来切取，爱心与星星形状的细白花生豆腐，斜躺在素雅小碟里。**搭配清新的绿茶汤液与清凉甜美的新鲜绿薄荷叶，咀嚼当下，能令身处溽暑的身心，顿生舒适平静之感。若喜味浓，也可直接淋上酱油膏品尝。或者煮些糖水，像豆花般当甜点品尝，糖水里也可加上薄荷、红紫苏或花香调的芳香万寿菊，增添具有自然气息的植物香调。**

薄荷
Mint

材料

去皮花生	70克
冷水	600毫升
玉米粉	5.5 ~ 6大匙
冷水	100毫升
盐	适量
绿薄荷	适量
薄盐酱油	适量

做法

1. 将去皮花生和600毫升的冷水放入果汁机中搅打均匀并过滤。

2. 将玉米粉和100毫升的冷水调匀备用。

3. 将做法1的花生汁放入锅中，用小火加热，待稍微沸腾，将做法2的玉米粉水慢慢分次倒入并仔细拌匀，最后加入盐搅拌均匀。

4. 倒入耐热容器中，待冷却后放入冷藏室保存。食用时，切成喜爱的形状，放上新鲜绿薄荷，可搭配薄盐酱油品尝。

猴头菇排佐烤甜椒酱

　　我非常喜欢猴头菇那具有嚼劲的口感，每每在蔬食店吃到这道排餐，总兴起自己动手做的念头。**虽然时今网络无远弗届，只稍搜索就会出现好几页的做法，但还是得多方参考再实际操作，尤其要做出自己喜爱且融入香草的猴头菇排，那可不是不费心力就能办得到的。**

　　这道猴头菇排来来回回花费不少时间调整做法，最后发现的这个做法，虽然繁复些，但是却最入味。先余烫再炖卤，挤干卤汁加入香草及蛋液用手揉捏成团，入锅高温油炸即完成。

　　而蘸食的甜椒酱则是意外的发想，某回因为烤了太多甜椒，于是试着将它加入些橄榄油、辣椒粉及甜罗勒搅打成泥，竟有着意想不到的美味。烘烤过的甜椒带点烟熏风味，再加入些许辣椒粉，真是一款不论蘸食烤饼或是拌饭（面）都很适合的酱料。这次用它搭配猴头菇排，有别于传统的黑胡椒酱，再撒上些烤过的松子，整个餐点于感官而言，更显缤纷丰美样态。

迷迭香
Rosemary

材料

干燥猴头菇	3~5颗	迷迭香	1枝	酱汁	
水	适量	蛋液	2颗	甜椒	2颗
盐	适量	低筋面粉	适量	盐	适量
酱油（膏）	适量	面包粉	适量	黑胡椒	适量
百里香	2枝			橄榄油	适量
				甜罗勒	6~8片

做法

1 干燥猴头菇稍冲洗，放入开水煮至软化，取出放凉切小块。

2 将甜椒洗净切条（块）状，撒上盐、黑胡椒及橄榄油，放入烤箱，用200℃烤20~30分钟。

3 在锅中加入水、盐、酱油膏，放入猴头菇炖煮约20分钟；待冷却后，尽量挤干里面的汁液，再拌入新鲜百里香末、迷迭香末及些许蛋液。

4 将做法2的甜椒放稍凉后，放入食物调理机中，加入甜罗勒和橄榄油搅打成泥状，完成酱汁。

5 将猴头菇块放入手掌心抓揉成团状，依序粘面粉、蛋液、面包粉后，放入油锅中，用中小火炸至表面呈金黄色取出，即可搭配酱汁享用。

松子秋葵糙米饭

　　不知为何，写到这道料理时，脑海浮现一位学员的脸庞。她是一位创作人员同时也是三个孩子的母亲。每回她来上料理课，总是准时离开，因为要帮家人准备晚餐，偶尔也会带便当来加热，离开时要送便当去给上辅导班的孩子。不论再怎么忙碌，她尽量抽空料理三餐。每每看到她在脸书的发文，身为两个孩子母亲的我，即便也是爱料理，但仍是感到汗颜啊！

　　然而，更令我惊讶与感动的是，每回当她来参加料理餐会之后，总会抽空练习将所做餐食分享于脸书。有好几回在会后的分享中，她总是说着，很好奇我是如何每回都能发想不同的餐点主题，并且几乎没有重复的内容，当下忘了我是如何回复她的。**但此时我想，或许就像她对一家人那样倾尽全心吧！想让固定场次的学员们，每一次参加都有惊喜，尽量不老调重弹。也是这样一份念想，才能激荡出更多的具有创意的香草料理食谱。**

柠檬香茅
Lemon Grass

材 **/** 料

糙米	半米杯
柠檬香茅	1枝
盐	适量
秋葵	3根
松子	1大匙
柠檬油	少许

做 **/** 法

1 糙米洗净依比例加水，放入柠檬香茅，
   放入电锅煮熟。
2 取出香茅，加入盐调味，再盛入小碗里。
3 将汆烫好的秋葵切小星星状铺上，再点
   缀些烤好的松子，淋上少许的柠檬油，
   即完成。

薄荷西瓜

话说这道点心，是某日独自在厨房，望着买回的小西瓜，对剖之后原欲切小块冷藏保存，正好瞄到挖球器，于是挖了几颗西瓜小球，摆放在白磁盘上，模样显得玲珑雅致。此时，忽而灵光乍现淋上些许意大利香醋（Balsamic），接着刨上柠檬皮，望着厨房窗台花瓶里的香草们，雷达般地搜寻着该用哪一种呢？叶片小巧雅致的柠檬百里香，仿佛发出召唤之声，于是就将它们配成一对。没想到步入地毯那端的它们，甜蜜的口感博得众人喝彩。

几乎每场餐会，大家都惊讶着，**吃了几十年的西瓜，怎么好似忽然摇身一变，从夜市小贩瞬间登上星级餐厅。仅添加了陈年红酒醋、新鲜香草及柠檬皮，竟融合成令人意想不到的崭新风味。**

选一只素雅餐碟盛盘，用意大利香醋画下图案或线条，缀以鲜绿清香的柠檬皮及香草，就是一款赏心悦目、风雅美味的饭后甜点。人多时，也可将挖空的切半西瓜当容器，直接铺满西瓜小球，再豪迈地淋上意大利香醋，刨上柠檬皮。若喜欢酸一点，将刨完皮的柠檬一并挤汁加入，再如天女散花般地将柠檬百里香及薄荷撒上，这时肯定赞声四起。

薄荷
Mint

材料

西瓜	适量
意大利香醋（或加些柠檬汁）	适量
薄荷（柠檬百里香）	适量
柠檬皮	适量

做法

西瓜挖小球状，淋上意大利香醋（柠檬汁），
加入香草，刨些许柠檬皮即可享用！

玫瑰银耳甜汤

　　这几年很流行黑木耳汁，据说有诸多养生功效。空闲时，我会炖煮一小锅，用小袋子分装置于冰箱冷冻保存。偶尔想吃点甜品，取出一袋加热很快就能品尝。也算是**突发奇想，看着从露天花园采摘回的天使蔷薇，顺手加入些许花瓣，齿颊间随着咀嚼竟散发着淡淡的玫瑰香气，使得眼下黑乎乎的那碗甜汤，瞬间添了几许优雅气质。**后来试着加入干燥玫瑰花一起炖煮，香气更是浓郁。

　　餐会的这道甜汤里，食用时加入了新鲜荔枝，其由来也属突发奇想，正好买了把荔枝，就随手加进去试试。没想到稍微浸泡，荔枝浓郁的果香汁液，增添了汤品耐人寻味的甜美层次。

玫瑰花
Rose

材 ✔ 料

干燥（新鲜）黑木耳	3朵
干燥（新鲜）银耳	3朵
干燥（新鲜）玫瑰花瓣	1大匙
砂糖	适量
荔枝	5～6颗

做 ✔ 法

1　将黑木耳与银耳洗净（泡软），放入食物调理机中，加入适量的水，搅打成浓稠状。

2　倒入锅中，用中小火炖煮20～30分钟，过程中加入砂糖（自行调整甜度）。

3　起锅前加入新鲜玫瑰花（若是干燥的焖1～2分钟即可）。

4　食用时，可视喜好添加荔枝（拍摄食谱时，非荔枝季节，但十分建议尝试）。

夏日轻食
幻想曲

2015年，秋日餐会结束之后，家里开始进行为期4个月的装修。

设计师也是因餐会结缘，进而因喜好相似而结为好友，一个认真的年轻女子。拆除工程那天，**看着那小小的一字型厨房，在两三年之间曾交错着上百位学员，端出数十道香草料理，一方空间交织着许多欢乐与蒸腾香气。我望着眼前那被敲碎的一砖一瓦，心里深深地感谢这个空间，在过往的付出与贡献。**

将一字型厨房与工作室打通，脑海里开始构想新厨房的动线，靠窗一座长形料理台，中岛也有一座正方形料理台，既开心又期待着即将有个宽敞舒适的料理教室，让大家一起开心地做菜。

2016年的4月，将新空间里的家具装饰稍事定位后，接连办了几场学员专属聚会。感受到大家十分喜爱且沉浸于老空间新面貌里，十多位学员们一起窝在中岛厨房做菜，游刃有余。

一张特制的大餐桌，搭配陆续购入的欧洲老件餐椅，杯觥交错，把酒言欢。灯具、烛台与书本、植物，总见驻足流连人影。就这样以聚会为暖身，2016年夏日香草料理餐会，再度与大家见面。

沁心香料蔬果杯

时逢盛夏芒果甜香诱人之际，于是设计了一款结合水果、薏仁及香料的前菜。红白薏仁具有清热排湿功效，以浸泡蒸煮等程序保留了养分且口感软弹。除了餐会学员已然熟悉的柠檬百里香，也加入近年大家更为熟悉的肉豆蔻及较少见的黑芥末籽两款香料。

肉豆蔻用于完成时的刨皮屑以提味，而黑芥末籽则可稍微捣压，释放其独特的芥末气息。黑芥末籽味辛性温，具有利气、通络与抗菌等功效，在印度常见与其他香料混合腌菜。而这道料理则是以调和初榨橄榄油及白葡萄酒醋，并以盐、黑胡椒粒调成酱汁，食用时淋上。

首场餐会是固定班底，我惯以"香草老朋友"为其昵称。多时不见，彼此一进门即热络问候。这场有几位学员都身怀技艺，有花艺、烘焙、珠宝鉴定设计及拼布等领域的专业资格，但在聚会时，她们更爱交换彼此的日常生活点滴感触。犹记那天，这道前菜里的黑芥末籽风味，颇令其中一位曾是杂记特约写手的学员惊艳，她意犹未尽的微笑脸庞，至今仍十分清晰。

而另一场餐会的老学员，则说尚未实做光看讲义，实在令她很好奇，将红白薏仁、水果及香料凑成对，是何等滋味？然而当她品尝成品时，脸上瞬间露出一道微笑弧线，直说："太奇妙了，这滋味！"并决定不久后的朋友聚会，就做这道料理与大家分享。每回餐会结束前，我会请大家分享对于今日餐食的想法，最开心的莫过于听到这般回馈。透过学习，再与家人好友分享，将香草融入生活与料理，如涟漪般扩散。

百里香
Thyme

材料

季节水果	适量
红白薏仁	1杯
柠檬百里香	2枝

酱汁

橄榄油	适量
白葡萄酒醋（水果醋）	适量
盐	适量
黑胡椒	适量
肉豆蔻	1颗
黑芥末籽	1/4小匙

做法

1　水果切小块，放入冷藏室冰镇备用。

2　红白薏仁浸泡一晚，用水汆烫后，再用中小火煮约30分钟，滤干水分备用。

3　将橄榄油及白葡萄酒醋按照3：1的比例调匀，加入盐、黑胡椒、肉豆蔻皮屑和黑芥末籽捣压，再次搅拌均匀备用。

4　将做法1和做法2混合，淋上酱汁及柠檬百里香即完成。

马告笋菇清汤

与马告的初相识，是好多年前全家去埔里出游时，在一个小广场的农产品展售会上遇见的。当下嗅闻觉得这黑色果实好厉害，散发着如柠檬般的香气。回家煮汤加入一些，烹出一锅清洌芳香之汤。

经查才知，原来马告是台湾少数民族的常用香料，而马告这两个字源自于泰雅族。中文名是"山胡椒"，但还有许多俗名，如山鸡椒、豆豉姜、山姜子等。马告属台湾原生种，树高2~3米，分布在台湾北中南的山区阔叶林中。春天会开出淡黄色的花朵，花朵可泡茶，嫩叶也可以入料理。

用来搭配马告炖煮的是夏日盛产的竹笋，以及富含蛋白质和氨基酸的北虫草，食用时再加入细香葱末。这道汤品食材虽看似平淡，但熬煮时满室生香，马告与竹笋糅合出一抹适合夏日的淡雅气息，光是嗅闻心底都生清凉之意。

餐会过程中，看着参与成员里，有许久未见因香草而结识的学员们，也有几位是脸书朋友，今日首次互见。新旧朋友散居一隅，各自虽忙着手边的料理事，也边聊天谈笑。这情景忽而令我感觉，每一场餐会也似一道料理。成员初识熟稔皆有，料理过程中的互动，有如调味料般，来点盐，加点糖。于是就端上一道独属于你们的风味餐点。

虽每场炖煮同一道汤品，呈现的风味却不尽相同。或许是调味及火候的多寡差异，但我还是相信，那是来自于每个人当下的情绪，及与他人共振后的频率，所产生的隐形调味料所致。

马告
Litsea Cubeba

材料

绿竹笋	900克
北虫草	20克
马告	1.5小匙
水	2000~3000毫升
盐	适量
细香葱	适量

做法

1 竹笋切块；北虫草洗净；马告捣破备用。

2 冷水锅放入所有材料，炖煮30分钟，再用盐调味。

3 食用时，酌量撒上细香葱即完成。

百里香山药烤排佐味噌菠萝酱

　　每遇山药，无论是进口或地产，心里都有股珍重之情。想着它从种植到采收约莫要近一年的时间，默默潜藏于泥土里，接收地水风土的自然滋养，而后长成壮硕的模样，怎能不好好在料理中运用呢？除了最常见的做法，拿来熬汤，偶尔也会刨成丝，与酱油、芥末调匀同食，加点青紫苏末，芳香力道更强劲。那黏稠的口感，像吃进嘴里的丝绸，让人意犹未尽。

　　这次夏日餐会思考以山药为主食，将菠萝、味噌与具有强烈麝香气息的原生百里香调制成佐酱。前一晚将山药切圆块，并用味噌腌渍，隔天用烤箱烘烤香熟，搭配熬煮好的味噌菠萝酱，上方可缀以细香葱或香芹叶末品尝。这是一道非常适合夏日的主食，味噌生出厚实熏烤的风味，搭配着香甜的百里香菠萝酱及隐微的香草气息，让人都想搭上一杯果香明亮的微甜白葡萄酒。

　　某场餐会里，有几位是脸书互动好些时日的朋友，她们笑着说，每次看到我分享的餐会图文都想要亲自体会，今天终于来了。有一位微笑着说，想着想着一年就这么过了。这句话很令我动容，想想自己有没有什么事是想了近一年才去完成的，这需要累积多深的渴望呢？

　　一年，足够让一颗种子长成果实，庆幸也感恩自己有这样的能力。每场餐会的开始与结束时，听着你们娓娓道来，如何寻觅而来，心里总溢满感谢。

百里香
Thyme

材料

山药	10厘米长
味噌	适量
水	适量
原生百里香	3枝
细香葱	适量

味噌菠萝酱

菠萝细丁	15大匙
味噌	3大匙
水	1.5大匙
砂糖	2/3小匙
百里香	3枝

做法

1　山药切成1厘米厚度的段，味噌与水以比例2：1调匀，腌渍一晚。

2　将做法1山药和百里香置于烤盘纸上，放入烤箱，以180℃烤15～20分钟，翻面再烤5分钟，至表面味噌稍焦黄即可。

3　将味噌菠萝酱的材料放入锅中，用小火煮约3分钟，完成佐酱。

4　味噌菠萝佐酱少量铺于盘底，烤好的山药摆置于上方，再撒上细香葱即完成。

香草圆茄奶酪烧

　　看到这些食材，圆茄、杏鲍菇、菠萝、甜罗勒、马苏里拉奶酪，你能想象它们的结合，会是什么样的滋味吗？记得儿子中学时，自己煮了一道汤，现在已忘了里面有什么，只记得当下我问道："你怎么会想把这些食材放在一起？"他天真地回答我："这几样不能放在一起煮吗？"当下我无语，接着思忖好像也没有不可以。尝了一口，还挺好喝的，这个才是重点。

　　这件事给了我一个体悟：随着成长，我们或多或少被固有观念设限，久而久之形成刻板印象。料理也是，炖汤好像只能加鸡、猪肉？然而孩子们尚小，无太多框架限制，像儿子在厨房，总以玩游戏的心态去面对，变化出不少创意料理。也曾看过一位欧洲主厨来台湾，他将从未见过的本土蔬果，做出了令我意想不到的结合，让节目里品尝的本地来宾十分惊艳。那是因为他初来乍到，对第一次接触的食材，只凭感官直觉去料理，并无观念上的制约，这两者之间本质是相同的。**有时，不妨打开冰箱，试着玩一场前所未有的料理游戏，或许会发现自己原来创意无限。**

　　许多人不爱茄子，但其实只要稍稍改变做法，接受度就能提高许多。餐会结束后，有一位学员私信跟我说，她那不爱茄子的女儿，居然把茄子吃光了。我想是甜罗勒与马苏里拉奶酪改变了她对茄子的既定印象。**所以偏食的人，下回若是看到不爱的食材，请试着用截然不同的料理方式，请务必给食材、也给自己一次机会。**

百里香
Thyme

材料

杏鲍菇	1条
菠萝	1~2片
圆茄	1颗
盐	适量
黑胡椒	适量
橄榄油	适量
焗烤奶酪丝（或马苏里拉奶酪）	适量
百里香	3枝

做法

1. 杏鲍菇切细丝，用盐、胡椒粉及橄榄油抓揉调味；菠萝切丁备用。

2. 圆茄对切划出斜纹，刷上橄榄油，表皮朝上放入烤箱，用180℃烤20分钟。

3. 将做法2先铺上百里香，再放入杏鲍菇丝及菠萝丁，表面撒上焗烤奶酪丝；放入烤箱，烤至表面焦黄后，放上百里香即完成。

香草芋泥冰火双重奏

　　说到芋头，想起前阵子与好友们品尝了芋头粥，看似清简朴实的粥品，吃得我们满脸笑意盈盈。这芋头真是了得，甜咸皆宜，从芋头糕、炸芋丝、芋粿到芋头冰淇淋、蜜芋头，都是台湾人最爱的平民美食。此回甜点尝试以芋头为主角，巧妙地融入咖啡。为何会如此搭配呢?

　　话说某回一时兴起，将咖啡豆直接送入嘴里咀嚼，伴随着"咔滋咔滋"声响，随之而来的烟熏、微苦化为嘴里的芳香余韵经久不去，当下便有了以咖啡制作甜点的想法。试着将黑咖啡与芋泥搅拌均匀，再加入薄荷叶，尝一口便被那难以形容的感觉震撼，直觉这一味儿，应该会受很多人喜爱。

　　果不其然，当平底锅的奶油融化接着倒入芋泥时，大家直喊着好香! 好香! 最后加入黑咖啡，又一阵惊奇欢呼。**起锅尚未各自摆盘前，大家已迫不及待一口接着一口地吃着，莫不瞪大双眼说，这味道怎么这么特别，从来没想过把它们加在一起!** 于是热腾腾的芋泥，搭上冰凉透心的芋头冰淇淋，以及每一位亲手煎的造型薄饼，创意摆盘。为此期的夏日餐会，场场皆画下欢乐美好的句点。

薄荷
Mint

材料

面糊		芋泥		装饰	
低筋面粉	90克	芋头	250克	香草冰淇淋	适量
全蛋	1颗	无盐黄油	15克	咖啡粉	少许
砂糖	1.5大匙	砂糖	40克	绿薄荷	少许
鲜奶	180毫升	黑咖啡	40毫升		
无盐黄油	适量				

做法

1. 将芋头切块，蒸熟后捣成蓉备用。

2. 在面粉中加入全蛋和砂糖稍拌匀，再慢慢倒入鲜奶搅拌至无粉粒状；放入冰箱醒约30分钟。

3. 将黄油放入平底锅用小火融化，倒入芋蓉及砂糖拌炒，将黑咖啡分2～3次倒入，炒至泥糊状即可。

4. 不粘平底锅加入小块黄油，待融化后以纸巾擦匀，慢慢倒入面糊，待双面上色即完成（也可做些有趣的造型薄饼皮）。

5. 在薄饼皮中夹入芋泥，搭配香草冰淇淋，撒上适量咖啡粉及绿薄荷，请即刻品尝。

热情西班牙盛夏餐桌

不知是因为西班牙主题抑或是出于彼此的默契，其中一组包场成员，出席时约半数都穿着红黄亮色系衣服，由于彼此熟悉，满场洋溢着热情欢乐。想起这个餐会班底成员的形成，也出于我无意间地串联。

几位是餐会旧学员，几位是多年好友，没想到她们在某场聚会里一拍即合，接着陆续加入其中几位的好友、家人，就这么浩浩荡荡成为近几年国内外旅行的玩伴。更因为其中一位送给每人一根形似斧头的石板刮痧棒，于是彼此便戏称自己为"斧头帮姐妹"。帮主乃送刮痧棒之人，自此便一肩挑起帮内玩乐计划的重责大任。虽我这会儿似以玩笑口吻叙述，但心里对她有着满满的感激，也着实佩服她的搜寻及行程规划能力。

—— 前菜 ——
炙烤水果佐香草奶酪
罗勒蔬菜烘蛋
—— 汤品 ——
香料蔬菜鹰嘴豆汤
—— 主菜 ——
番红花时蔬饭
—— 甜点 ——
辣椒巧克力慕斯
—— 手作小礼 ——
皮卡达（Picada）

炙烤水果佐香草奶酪

　　近日阅读《香料漂流记》，作者历经数年，实际走访全球数条香料路线，而伊比利半岛上的西班牙及葡萄牙也在其列。阅读间才知晓，西班牙是欧洲诸国中第一个由中东地区传入香料的国度，尤以南部滨海城市安达卢西亚（Andalusia）为首要之城。这让一直向往着地中海沿岸诸国且热爱香料的我，更想早日踏上伊比利亚半岛。也想起2016年秋天的旅行，在与西班牙只隔着直布罗陀海峡遥望的摩洛哥，两地气候风土相似。犹记清晨，走在静美的蓝色山城舍夫沙万（Chefchaouen），无花果树果实累累。这让生长于副热带地区，甚少见到此景的我，大为惊艳。

　　好多年前，友人曾送一株无花果树，栽种于露天花园，几次见到结出果实，等待期盼之间，总被鸟儿捷足先登，末了或许是乏于照顾，果树生命完结。近几年，台湾无花果园一时兴起，我经常买来尝鲜并试着融入料理。近日散步于住家附近，见一户人家门前花盆里，无花果正结着果实，悉心包裹以防鸟儿先食。心里又兴起再种上一两棵的念头。

　　夏日桃李盛产，手机传来有机小农的无花果采收信息，于是就将这几款水果，与露天香草园的香草与花朵，设计成一款前菜。黑色岩石盘上，**稍煎过的水果片，搭配上白色接骨木花朵、粉色繁星花与数款香草叶片，淋上少许普罗旺斯的薰衣草花蜜，甜蜜缤纷为盛夏的数场香草料理餐会，揭开美好序幕。**

薄荷
Mint

材**∕**料

西瓜	适量
无花果	适量
菠萝	适量
香草	些许
食用花	些许
欧芝挞奶酪（Ricotta）	适量
各式坚果	适量
薰衣草蜂蜜（一般蜂蜜）	适量
柠檬油	适量
绿薄荷	适量

做**∕**法

1　西瓜、无花果和菠萝切片后，用条纹锅煎 3~5分钟。

2　将所有食材及香草，发挥创意摆盘，撒上欧芝挞奶酪、坚果、蜂蜜、柠檬油及绿薄荷品尝。

罗勒蔬菜烘蛋

　　烘蛋是家里餐桌的常客，一上桌一人一片常以迅雷不及掩耳的速度食完。内里的食材变化颇大，也算是方便美味的"清冰箱"菜式之一。这道烘蛋是改良自传统西班牙烘蛋，不必翻面，改铺上奶酪焗烤，于是视、嗅、味觉都更感加倍美好。我喜欢将底部煎至类似可可色般焦香，即便放凉也不减其味。几回凉透品尝，外形似咸派扎实，虽无麦香派皮，但内馅风味挺相似，只是奶香稍不浓郁。**这里分享一个秘诀，蛋液里加上鲜奶，以一比一的比例调匀，成品口感更显丰腴滑嫩并微带奶香。**

　　首场餐会，学员是餐会班底"香草老朋友"场次。由于暑假活动多，未全员到齐。这场成员彼此因香草而缘聚于此，每季一聚已成为彼此心里的约定。那天其中一位带女儿来参加，也意外得知小女孩居然是我的小粉丝。前一天请爸妈帮忙挑选花材，一起绑扎花束，一进门便亲手奉上花束，当下我心里真是又惊又喜。而惊喜的事接二连三发生，做菜过程中，小女孩时不时跟我说着，书里哪道菜搭配什么香草，笑着跟我说，我的书她已看了十多遍，对于近十年前的旧书内容，她可比我还熟悉，果真是头号"小粉丝"，令我既开心又感动。

　　席间，颇具舞蹈天分的她，也即兴表演了好几段国标舞。由于皆为熟识学员，人数也不多，大家随性吃食小酌，喝茶闲话家常。首场料理餐会就在这般自在放松的气氛里画上美好句点。

罗勒
Basil

材料

马铃薯	1小颗
番茄（或小番茄）	1/2颗
节瓜	1/2条
全蛋	5颗
鲜奶	5大匙
盐	适量
黑胡椒	适量
甜罗勒（九层塔）	6~8片
迷迭香	1枝
焗烤奶酪丝	适量

做法

1. 马铃薯、节瓜和番茄切薄片备用。

2. 全蛋与鲜奶加入适量盐、黑胡椒粉及甜罗勒叶末搅打均匀备用。

3. 马铃薯和迷迭香放入铸铁锅中煎至七八分熟，接着倒入做法2及一半的番茄片及节瓜片，用中小火煎约6分钟。

4. 表面铺上番茄及节瓜片，适量的焗烤奶酪丝（不要把番茄及节瓜的红绿两色全盖住），放入烤箱，用180℃烘烤6~8分钟，待表面呈金黄色取出即完成。

香料蔬菜鹰嘴豆汤

看到这道香料蔬菜鹰嘴豆汤，令我想起另一个包场班底，因为彼此熟络，每次相聚气氛自是美好欢乐。近尾声时，其中一位芳疗按摩师也大方地表演了近日学习的舞蹈，让我联想起西班牙热情的弗朗明哥，就像这道充满香料及烟熏辣味的汤品般，带给味蕾鲜明强烈萦绕舌尖的感受。走笔此刻，跳舞的那一幕于脑海自动播放，清晰如昨。

这几天着手整理过往餐会大合照，发现这一班底的缘分始于2014年秋末。当时约莫半数是固定参加，因缘际会又加进几位。算起来，彼此因餐会结识已三年多，这期间也见你们一起出国旅行，想必早已建立美好友谊。而我也渐渐地发现，大家来参加的目的，不见得以学习料理为主，反而比较像是朋友间的固定聚会。每次一进门，便见大家忙着穿梭前后院或室内角落，或拿起玄关的藤篮草帽，或拿起厨房里的蔬果篮，轮流拍起照片，好不热闹。而餐会结束时，大家便开始敲定下次聚会日期，即便我的下期菜单都还尚未出炉呢！偶遇席间有首次出席的朋友，也带着好奇和期待的表情问："下次菜单是什么呢？"谢谢亲爱的你们，对我如此信任，并一直支持与爱护着我。让我看见，**这原以分享香草料理为起点的空间，竟渐渐延展，走进了彼此的生活，成为彼此生命旅途中的旅伴。**

餐会这几年来，已形成三个班底。我尽量将她们安排在首场，因为新菜单比例流程等都尚待调整。熟悉的成员，能令我更悠游自在，专注于整个团体的做菜流程里，而她们也总能适切地给出真实的想法与建议，让我在接下来的场次里，更加如鱼得水。

月桂叶
Bay

材料

鹰嘴豆	100克	奥勒冈	1大匙
橄榄油	适量	月桂叶	3片
洋葱	2颗	盐	适量
蒜头	6颗	黑胡椒	适量
番茄	6颗	烟熏红椒粉	适量
甜椒	1.5颗	水煮蛋	6颗
胡萝卜	1小条	皮卡达（Picada）适量	
竹笋	1~2条	（详见173页）	
水	2000~2500毫升		

做法

1 鹰嘴豆先浸泡一晚备用；水煮蛋煮好切丁备用；洋葱、番茄、甜椒、胡萝卜和竹笋切丁；蒜头切碎备用。

2 锅中倒入橄榄油，加入洋葱和蒜头炒香，接着放入番茄炒软，最后加入甜椒、胡萝卜和竹笋拌炒3分钟。

3 加入水、鹰嘴豆、月桂叶和奥勒冈，放入盐、黑胡椒和烟熏红椒粉调味后，用中小火炖煮20~30分钟。

4 最后加入水煮蛋丁及适量皮卡达拌匀，增加汤品风味及浓稠度即可享用。

番红花时蔬饭

　　提到番红花与西班牙，我想大多数时候会与西班牙海鲜炖饭画上等号，这道餐点可说是当地既平民且经典的代表，就像臭豆腐之于台湾般。前文有提及，对于经典料理，我会先解其意，再依个人喜好或就地取材之便，而稍加调整。于是保持蔬食主义多年的我，就发想了这道番红花时蔬饭。除了主角香料番红花外，另加入数款香料；除了事先烤好的甜椒，也加入多款蔬菜，以及台湾夏季盛产的美味竹笋。

　　至于米款，则选用意大利黏性适中的Arborio米种。另加上日晒番茄干增添浓郁风味，并改用深口的铸铁锅来焖煮，不仅缩短烹调时间，也让所有食材与香料的精华更加水乳交融。最后阶段，表面再铺上翠绿鲜美的红黄甜椒及绿芦笋。食用时再加上新鲜香菜、腌渍橄榄片、柠檬汁及皮卡达，**每一口咀嚼间，嘴里好似一曲曲交响乐，音符跌宕起伏。比起经典的海鲜炖饭，可一点也不逊色呢！**

番红花
Saffron

材料

番红花	1/4小匙	番茄	2个	香料	
番红花高汤（视食材		日晒风干番茄	15个	小茴香	1/2小匙
多寡调整）	5~7杯	中型竹笋	1支	孜然	1/2小匙
甜椒	5个	杏鲍菇	2条	芫荽	1/2小匙
盐	适量	意大利米		黑胡椒	1/2小匙
橄榄油	适量	（Arborio）	3杯	卡宴辣椒粉	1/2小匙
蒜头	6颗	白葡萄酒	1/2杯		
洋葱	1.5个	节瓜（或芦笋）	1条	装饰	
				香菜	适量
				腌渍橄榄片	适量
				柠檬片	1颗

做法

1　番红花泡入温水里，并用盐调味当成高汤使用；香料磨成粉备用。

2　甜椒切条状，用盐和橄榄油调味，放入烤箱，用200℃烘烤约30分钟备用。

3　将蒜头、洋葱、番茄、风干番茄切末；竹笋切丝；杏鲍菇切丁；节瓜切条备用。

4　铁铸锅中放入橄榄油，加入蒜头和洋葱炒软，再放入两款番茄丁拌炒，接着放入竹笋和杏鲍菇持续拌炒，继续加入意大利米及做法1的香料粉拌炒，最后倒入白葡萄酒，让汤汁稍收干。

5　倒入做法1的番红花高汤拌炒，用中小火煮约15分钟，最后加入节瓜，煮约5分钟，熄火再闷3~5分钟。

6　最后铺上做法2的甜椒；食用时，加上适量香菜、腌渍橄榄片和柠檬汁佐食即完成。

辣椒巧克力慕斯

　　我向来爱阅读饮食散文或小说，偶尔会被文字诱引，恨不得当下立刻煮食去。忘了是哪一年的农历年节，正阅读着《厨房的女儿》这本书。忘了大部分内容，依稀记得是一位患有自闭症的女孩与一位长辈的鬼魂在厨房里相遇的故事，但对于图书封面上的那杯可可热饮，上方飘浮着点点红艳辣椒粉的画面却是记忆犹新。阅读期间，也依样画葫芦地煮了一杯，辣椒加上巧克力的确是一种难以形容的味道，好似有魔力的组合。后来的冬日午后，除了香料奶茶及抹茶牛奶，我也常替自己煮一杯加上辣椒粉的热可可。而后也曾试着制作辣椒生巧克力，吃过的朋友都大为惊艳。

　　巧克力是由可可豆制作而成，而溯及可可树的历史，竟可追溯至2900年前，原生于中南美洲及墨西哥等地。移居此地的犹太人，热爱可可也从中发现其食用及药用价值。据说书里这道辣椒可可热饮，便是犹太人的传统饮品。

　　这款甜点是以巧克力、鲜奶及鸡蛋制作成慕斯口感，搭配奶油香煎过的香蕉片以及冷冻切片无花果。除了撒上辣椒粉，嗜辣的我也建议学员们可淋些许辣椒油，再加上绿薄荷的清凉感。**咀嚼间味觉有着戏剧化的感受，冰凉、清凉与辣感堆叠出现，看着品尝时大家脸上那变化万千的表情，真开心又给予大家一次前所未有的味觉体验。**

薄荷
Mint

材料

苦甜巧克力	150克
鲜奶	75毫升
蛋黄	1颗
橄榄油	4大匙
盐	1/4小匙
辣椒粉	适量
蛋清	4颗
无花果（事先放冷冻库）	适量
绿薄荷	适量

做法

1 苦甜巧克力隔水加热至融化，将鲜奶加热后分3～4次倒入，接着加入蛋黄、橄榄油、盐及辣椒粉拌匀。

2 将蛋清打至硬性发泡，取三分之一的蛋白霜放入做法1拌匀，接着剩余的分3～4次搅拌均匀；放入冰箱，冷冻至少3小时即可。

3 将巧克力慕斯挖成球状，搭配冷冻过的无花果片，撒上适量辣椒粉及新鲜绿薄荷即可享用。

皮卡达（Picada）

皮卡达（Picada）源自于西班牙加泰隆尼亚地区，是一款百搭碎粒状酱料。不论沙拉、烧烤与炖煮类料理，都可酌量添加。选用这个当作餐会的手作小礼，让学员们回到家也可以在料理上使用它，延续西班牙餐会热情的气氛。

香芹
Parsley

材料	
长棍面包	2片
蒜头	1个（蒜粉1匙）
烟熏红椒粉	1/2匙
烘烤坚果类	5~6个
干燥香芹	1匙
奥勒冈	1匙
橄榄油	1大匙

做法

1　面包片放入烤箱，用180℃烘烤约10分钟（要换面）备用。
2　将烤好的面包与其他材料放入调理机，搅打成碎屑状即完成。

秋
意
交
响
乐

Chapter 4

RECIPE FOR SUCCESS

MOMO'S TALK

— INGREDIENTS —

1 Teaspoon of Ideas
1/2 Cup of Goodwill
Pinch of Positivity
Cup of Imagination
Cup of Leadership

迷迭香
Rosemary

唇形花科迷迭香属，常绿灌木。
利用部位： 花、茎、叶
常见品种： 依外形区分为直立型、半匍匐型、匍匐型

✓ 特性

叶片短狭似针，揉搓叶片会释放浓郁的类樟脑气息，手指表面会有黏稠感，这是迷迭香的天然精油，具有提振精神及抗菌功效。中古世纪欧洲将它视为神圣香草，具有净化空气之效。依品种不同，会开出雪白、粉红及蓝紫色花朵。在台湾平地较少开花，除了半匍匐型的"蓝小孩迷迭香"品种除外。

✓ 栽培重点

喜欢日照充足且排水良好的环境。地植可增加土畦高度，保持良好的排水性。盆植要注意莫过于潮湿，易导致烂根，定期更换花器，让根系保有足够的生长空间。但花器尺寸要循序渐进地更换，切勿一次从10厘米换到20厘米，否则会造成土壤水分积存过多的不利环境。定期修剪，促进侧芽生长。

✓ 使用方法

直立型迷迭香比其他两种的香气来得浓郁，也更适合运用于料理，是香草束的主角之一。其浓郁的香气，很适合炖煮及烘烤的料理。或者再制成香草油、醋、盐等调味系列。具有抗菌、提振等功效，不论融入香氛保养及居家工艺，都有多元的呈现方式。

✓ 保存方式

新鲜干燥皆宜。

✓ 料理好伙伴

米麦类、菇类、根茎类、奶酪、番茄、马铃薯。

柠檬马鞭草
Lemon Verbena

马鞭草科柠檬马鞭草属，多年生草本。

利用部位： 茎、叶

常见品种： 柠檬马鞭草、柳叶马鞭草（观赏）

特性

细长而尖的叶片富有柠檬香气，具有舒缓、镇静、放松及帮助消化等功效，被大量运用于香草茶及香氛清洁及保养品中。顶端会开出白色花序，不具香气，较少被运用，花开后建议摘除花朵，以保留叶片养分供给。另有两种在台湾常见的马鞭草，茎干挺立，紫色群聚花序，为观赏性的柳叶马鞭草；另一款为一般马鞭草，具有清热、利尿等功效，在中药铺子可购得，但不具柠檬香气。

栽培重点

喜欢阳光充足的全日照环境，耐暑性强，但台湾夏季典型的高温多湿环境，较易发生烂根萎凋现象。冬季的低温多雨，也容易造成此现象。建议这两季宜多加注意。

使用方法

大部分运用叶片来泡香草茶，是一款单方冲泡就有很好风味的香草茶。春天盛产季节，若手边也有新鲜的德国洋甘菊，再加几片甜菊，就能冲泡一壶如入天堂之境的香草茶。自从多年前喝过此茶，至今令我回味不已，只可惜，花园里的德国洋甘菊，总是开得稀落啊！

保存方式

新鲜或干燥皆宜。

料理好伙伴

茶饮、甜点（特别适合果冻）。

月桂叶
Bay

樟科月桂属，常绿乔木。
利用部位：叶

✔ 特性

提到月桂大多数人会联想到月桂冠，这也是为何Bay又有着Laurel的别名。这来自一段象征着荣誉与光辉，代表最高成就的希腊神话故事。深绿叶片分枝林立于树形的枝干上，若条件许可，地植会比盆植生长得好。米黄花朵开于叶腋，但由于气候关系，在台湾少见开花。春天一到，会发现枝头长出许多浅绿色嫩叶，随着叶色转深、香气转浓。春天适合采收老叶，风干保存，香气最是浓郁。

✔ 栽培重点

月桂喜好日照充足及肥沃的土壤。建议买苗种植，成长速度会快一些。在台湾夏冬两季成长较缓慢，春季则成长迅速，此时可多加以修剪，促进侧芽及分枝。

✔ 使用方法

月桂叶具有独特深沉的香气，将叶片撕裂即可嗅闻，具有促进食欲、帮助消化、舒缓腹痛、改善呼吸道及防虫的功效。月桂叶是香草束的必备香草之一，也适合炖煮或烘烤的料理。单方泡茶也能感受到它特别的香气，也能制作香包，置于橱柜里芳香防虫。番茄红酱及南瓜汤常见其踪影，拿来炖汤，会令汤品多出一股深邃且耐人寻味的香气。

✔ 保存方式

干燥叶片的香气，比新鲜叶片来得浓郁。

✔ 料理好伙伴

米麦类、豆类、根茎类蔬果、番茄。

奥勒冈
Oregano

别名：牛至、比萨草、山薄荷
唇形花科奥勒冈属，多年生草本植物。
利用部位：茎、叶
常见品种：一般奥勒冈、密叶奥勒冈、黄金奥勒冈

✔ 特性

叶片呈卵形，色鲜绿，表面有层细绒毛，香气独特浓郁。原生于地中海沿岸，常在野地出现，会呈匍匐生长。日照不足时，叶色转深绿，茎会转为棕红色，香气也略微变淡。在台湾平地少见开花。

✔ 栽培重点

喜欢全日照及排水良好的种植环境。原生地中海沿岸的香草，都不能度过台湾的梅雨季节，所以除了土壤不要过于潮湿，还要注意通风性，并定期修剪。

✔ 使用方法

具有抗菌及帮助消化的功效，除了入料理，也可以酌量使用于茶饮中。奥勒冈别名比萨草，顾名思义在比萨中加入会有很棒的风味，与奶酪及番茄特别合拍。熬煮红酱，除了月桂叶外，奥勒冈也是非常适合的香草。

✔ 保存方式

新鲜干燥皆适宜。干燥后，香气仍显浓郁。

✔ 料理好伙伴

米麦类、豆类、根茎类蔬果、菇类、番茄、奶酪。

马郁兰
Marjoram

别名： 野牛至

唇形花科奥勒冈属，多年生草本植物。

利用部位： 花、茎、叶

✔ 特性

马郁兰的外形与奥勒冈十分相似，但香气却迥然不同，奥勒冈阳刚野气，马郁兰花香调显柔媚。初夏来临顶端会开出白色小花，十分优雅迷人。在台湾平地，马郁兰比奥勒冈更容易开花。

✔ 栽培重点

特性与奥勒冈相似，喜欢的种植环境也雷同。一样原生于地中海沿岸，喜欢全日照凉爽的环境，排水良好肥沃的土壤。入夏炎热高温，可改为半日照，要特别注意闷热潮湿，定期修剪保持枝条通风性。在台湾地植生长状况会比奥勒冈来得好。

✔ 使用方法

具有帮助消化、保护呼吸道之功效，可与柠檬系列香草、甜菊及薄荷冲泡成香草茶。其香气甜美，广泛运用在香水成分中。具有抗菌、抗发炎及延缓皮肤老化功效，故也常见其被添加于美容及保养品中。

✔ 保存方式

新鲜干燥皆适宜。

✔ 料理好伙伴

茶饮、甜点、牛奶、坚果类。

初秋微风协奏曲

一直这么以为，所有的创作，不论是文学、歌唱、舞蹈、戏剧、园艺、花艺、绘画等，都在传递创作者当下的心理状态或岁月累积的底蕴，仅只是表现形态不同。在我眼里料理也如是，每个人在成长过程中培养出的饮食习惯，以及一直以来的用餐经验，交织出己身对周边人事物的感受，这些都会呈现出自己的料理风格。虽说这么形容好像把做菜这件事严肃看待了，也或许有人对此嗤之以鼻，会觉得不就是吃饭做菜这么日常的事吗？但请深入思考，每个人之所以各显不同，不就是在日常小事的看法与做法中，蕴积而成各自独特的个性吗？

香草乐章

　　这道"香草乐章"是首次尝试，让学员们发挥创意摆盘。备了两款白色餐碟，当食材皆已烹调完备，先分享我的摆盘方式，接着由学员们各自发想。将红酒醋装入工具笔里，画出五线谱及音符，奥勒冈的叶形好似豆芽尖，香气也与食材十分搭配（若无奥勒冈，也可用原生百里香取代）。重点在于要备好各种颜色食材，以彰视觉效果。

　　从这道香草乐章中，看到许多虽已进入中年的女性，却仍拥有童心般的可爱模样，有缤纷热闹的花绿摆盘，有留一方素净的典雅摆盘，也有用食材堆积而成的童趣摆盘。过程是那么独特有趣且触动人心。**我看到多数是家庭主妇的成员们，通过这一过程让内在想望显影于外。想着生活中扮演多种角色的你们，是不是如同我一般，有着自己的梦想欲实现。忽然想到某句电影里的对白："生命若没有梦想，就像花园没有花。"**

　　真心祝福你们，都能早日找到心的方向，实现未竟梦想，绽放生之光华。

奥勒冈
Oregano

材料

无籽橄榄	10颗
橄榄油	适量
综合香草	适量
甜椒	1/2颗
盐	适量
黑胡椒	适量
杏鲍菇	1条
节瓜	1/2条
奶酪球	10颗
迷迭香	适量
奥勒冈	适量
红酒醋	适量

做法

1 市售橄榄罐头去除水分后，用橄榄油及综合香草油渍2～3天。

2 甜椒切块状，用橄榄油、盐和黑胡椒调味后，放入烤箱，用180℃烤20～30分钟备用。

3 杏鲍菇、节瓜切约0.5厘米厚圆片状，放入锅中煎至两面微金黄，取出备用。

4 将杏鲍菇、节瓜、甜椒、橄榄及奶酪球（切小块），分别用迷迭香枝条（牙签）穿起。

5 将以上食材摆盘，红酒醋装入小瓶中，于空白处画上五线谱，并以奥勒冈叶为音符点缀。或自行发挥创意，点缀呈盘。

综合蔬菜蛋烤盅

　　这道料理的发想，来自一本杂志里的照片。那日午后，与好友们走在空荡荡的托斯卡纳皮恩扎（Pienza）古城街道上，才发现原来餐厅和商店几乎都在午休，整条街仅剩一间书店开门营业。于是我们就窝在书店翻着看不懂的书，虽看不懂文字，但食谱的色香仍诱惑着我，就买了几本杂志与食谱，这道菜看便罗列其中。照片非常吸引我，虽看不懂文字，但从照片略能得知料理手法。于是没多久经过厨房实验阶段，它就成为餐会食谱之一。

　　虽然是很常见的蔬菜与鸡蛋的结合，却因为做法与食材略有不同，在各方面有着更新颖的风味及感官呈现。因为是用长形蛋糕模为工具，蔬菜尽量挑选长条又适合烘烤的种类，其余蔬菜就视喜好随性增添。欧芝挞奶酪、鲜奶及焗烤奶酪丝能产生浓郁奶香及滑嫩口感，必不可少。香草类中的香芹及罗勒都是鸡蛋的速配伙伴，而鼠尾草与奶酪也很合拍。所以如果可能，就先以这几种香草来尝试。

　　特别分享在台湾料理使用方面还不算普及的鼠尾草。这里谈的是有着独特浓郁香气的料理鼠尾草，巴格旦、三色及黄金鼠尾草等常见品种。鼠尾草在中古世纪是家家户户都会种植的香草，具有抗菌、防腐等功效，又有救命香草的别称。在中古世纪欧洲，时兴将鼠尾草叶粘裹面粉半煎炸，与奶制品（奶酪、白酱）结合出特别的风味。旅行于托斯卡纳时还有个与它有关的回忆，好友忽然牙龈有个小脓包，正好看到民宿院子里有种植，于是就向女主人询问可否采摘两片，她得知用途，惊讶地说："你也知道鼠尾草有这妙用！"隔了几天好友牙龈的小脓包已退，这可是真人实事验证着鼠尾草的强力杀菌功效。

鼠尾草
Sage

材料

黄节瓜	2条
绿节瓜	2条
红甜椒	2颗
黄甜椒	2颗
茄子	1条
香芹	2枝
原生鼠尾草	1枝
罗勒	3枝
玉米粒	4大匙
全蛋	4颗
欧芝挞奶酪	120克
鲜奶	50毫升
焗烤奶酪丝	50克
橄榄油	15毫升
盐	适量
黑胡椒	适量

做法

1 将黄绿节瓜、红黄甜椒与茄子切长薄片，铺在烤盘上，淋上橄榄油、盐和黑胡椒调味；放入烤箱，用180℃烤约20分钟取出。

2 香芹、鼠尾草和罗勒切末，与玉米粒、蛋、欧芝挞奶酪、焗烤奶酪丝和鲜奶拌匀；并加入盐及黑胡椒调味。

3 将做法1烤好蔬菜铺在长方形铝箔烤模底部及两侧，倒入做法2的蛋糊，表面再铺满做法1的蔬菜。

4 放入烤箱，用180℃烤20～30分钟，取出切厚片即完成。

 小笔记

烘烤的时间，随蛋液的多寡作调整。

圆白菜炖饭卷

　　这是一道东西概念融合的菜肴，意大利米可以采用本地米，牛肝菌也可以用新鲜菇类或蔬菜来取代。至于香草种类，除了百里香以外，试试香芹或奥勒冈也很合适。会发想这道料理，纯粹是想为米食换点新意，我喜欢将米、面等主食尝试更多变化，一样的食材稍改变做法或呈现方式，就能令人耳目一新。餐会里有不少需要日日料理三餐的主妇学员，都曾聊过变化菜色颇令人伤神。这道炖饭卷可以改用隔夜饭，拌炒后再稍微蒸煮，很快就可以上菜。酱汁若来不及准备，用现成的番茄酱浇点热水及综合干燥香草调匀，也是美味又方便的做法。

　　某回，邀请好友于家里小聚。中岛炉台边，几名女子轮流拌煮着一锅炖饭。那双手不间断滑拌与舀高汤的画面，令我做了以下的联想：**那冒着热气"咕噜咕噜"响的炖饭，好似人的生命历程。不同质地的米，就像每个人的特质，不同配料与高汤就像各种际遇，而烹煮的火候与搅拌的速度，好似处事方法与态度。于是一锅锅炖饭，最终都显其独特风味，美味与否各有体会。**餐会里不乏生命经历丰富的女子，历经世事的磨炼，仍拥有一颗喜乐仁爱之心，偶尔也从言谈间透出一丁点儿坚韧意味，如同那风味醇厚米心微硬的正宗意大利炖饭，耐咀嚼且耐人寻味，两者都是我的最爱。

百里香
Thyme

材料

圆白菜	3~4叶
蒜头	1~2大匙
洋葱	1/2颗
牛肝菌	10克
意大利米	1杯
香草高汤	适量
(或其他高汤，用盐调味。)	
百里香	2~4枝
红椒粉	适量

佐酱

软质奶酪	适量
(或焗烤奶酪丝)	
鲜奶	适量
高汤	适量

做法

1 蒜头和洋葱切末；圆白菜放入加盐的开水里汆烫至半熟，取出后泡冷水备用。

2 锅中放入蒜头和洋葱炒香，加入牛肝菌拌炒，再倒入意大利米拌炒，分次加入香草高汤，用中小火慢慢搅拌，每一次都要等高汤完全吸收再加入，至半熟状态，接着加入百里香熄火备用（米心熟度视个人喜好调整）。

3 将两片圆白菜叶头尾交叠，在前端铺上适量炖饭后，两边往内卷起成圆筒状，放入电锅蒸10~15分钟。

4 另准备一小锅，将奶酪、鲜奶及高汤煮成浓稠状，完成佐酱。

5 取两卷摆盘，淋上佐酱，加上适量红椒粉及新鲜百里香即完成。

薄荷柠檬派

　　老实说，我并不是太爱吃甜点，因此想做甜点的动力就不那么强烈。后因香草料理餐会，六个小时吃了三四道咸食之后，没来个甜点，好似就画不下完美的句点。又或者，让大家带着另一只甜点空胃回家，实在太过意不去！于是偶尔也认真地研究起甜点，但还是偏爱工序不复杂、材料变化大的品项。我素来认为，**容易带进家庭餐桌的料理，大抵还是以简单为首要。当然，如何将香草融入，这也是我的重点之一。**

　　有一阵子很爱做咸派，基底派皮的做法跟甜派相似，得空就一口气多做几个，烘烤为半成品冷冻保存，想品尝时再边解冻边制作内馅，就可节省许多时间。而内馅从经典的柠檬凝乳、生巧克力酱到焦糖酱、果酱；上层除了水果、坚果、蛋白饼等，还有很多令人眼花缭乱的变化。某回春天餐会，就用这款柠檬塔上方铺饰草莓片及绿薄荷，模样好似仙女下凡，看得众人飘飘然。

　　顺道一提，内馅的柠檬蛋黄酱也称为柠檬凝乳，可涂抹于吐司或作为小饼干夹馅，蛋糕表面挤花。酸甜滋味十分清爽，是夏天里我最常做的一道甜点。冷藏可保存1～2周。几年餐会里，**发现女性朋友很爱这一酸甜滋味，若想制作小礼物送朋友，柠檬凝乳绝对会送入心坎里。**

薄荷
Mint

材料

派皮

无盐黄油	100克
低筋面粉	200克
盐	1/4小匙
砂糖	2大匙
蛋黄	1颗
冷水	
（视状况加入）	1~2大匙

柠檬凝乳

无盐黄油	60克
柠檬汁	80毫升
柠檬皮	1颗
砂糖	100克
全蛋	3颗
薄荷叶	15片

做法

1 无盐黄油从冷藏室取出，切1厘米方块，和面粉、盐、砂糖加入不锈钢盆中，用手指搓成碎屑状。

2 再加入蛋黄混合，以按压方式混合成团（避免过度搅拌产生筋性；若觉得太干可酌量加入冷水）。

3 将面团取出铺在保鲜膜上，整成约2厘米厚度，包好后放入冷藏室醒30分钟。

4 取出冷藏的面团，用擀面棍擀成大于派模宽度2~3厘米、厚度0.3厘米的派皮，再铺入烤模里，凹槽花边用手压实；底部用叉子平均戳孔后，再铺上烘焙石（或豆子）。

5 派皮放入烤箱，用180℃烤15分钟，取出刷上蛋黄液（白巧克力液），再烤3~5分钟取出放凉备用。

6 将60克无盐黄油、柠檬汁与柠檬皮放入锅里，用小火煮开。

7 另起一锅将砂糖及全蛋搅打均匀。

8 做法6的柠檬汁煮沸时，分2~3次慢慢倒入做法7的锅中，持续搅拌；接着移至炉上，用中小火边煮边搅拌，10分钟左右会越来越浓稠，加入薄荷叶末即可熄火，完成柠檬凝乳。

9 将做法8的柠檬凝乳倒入做法5的派皮中；待冷却后，放入冰箱，冷藏1~2小时即可取出品尝。

✎ 小笔记

荷兰薄荷又称绿薄荷，是最适合制作甜点的品种。

嬉游
意大利
餐桌

─── 前菜 ───
香草奶酪蛋烧佐酸奶薄荷酱
奶香波特菇玉米糕
─── 汤品 ───
番茄豆子浓汤佐青酱
─── 主菜 ───
意大利时蔬面卷
─── 甜点 ───
香料炖苹果佐脆香坚果
─── 手作小礼 ───
香草黄油

2014初夏的托斯卡纳旅行，像瓶中的酵母，不断地在往后的日子里持续发酵。每回看到墙面的自制旅行明信片，总会瞬间跌入那时空里。一直延续到2014年秋天和2015年秋日香草料理餐会，仍带着大家在厨房与餐桌间，再次同游意大利。

固定班底中的其中一班成员，多数是已离开职场多年的女性，孩子已成家或工作，人生已进入另一个不必时刻担责的阶段。每两三个月一次的聚会间，总听闻谁去哪儿旅行，谁又刚旅行归来，彼此也会相约一起旅行去。其中一位年纪最长者，总显得活力十足，每年总兜转于欧洲两大时尚之都。这回聚会她从巴黎带回了马卡龙，餐后与咖啡一起品尝。

席间，彼此分享着旅行趣闻，好不欢喜热闹。如此精彩的人生，相信不仅为我，也为几位仍在人生前（中）阶段的学员们，带来更多对未来生活的期许。还有，**其中好几位都曾有过前一晚才刚自欧洲返家，完全不需要倒时差，又或者说，可以在餐会间边玩边调整。十分乐见，你们早已把这里当作自家般熟悉自在。**

香草奶酪蛋烧
佐酸奶薄荷酱

　　这道菜肴是科尔托纳（Cortona）料理课的前菜之一。我稍调整食材并搭配酱汁呈现。热热的蛋料理几乎无人不爱，而搭配的酸奶芥末薄荷酱，曾在某次餐会主题佐沙拉食用，十分受欢迎。这次搭配香草奶酪蛋烧，味觉冷热交替间，让看似平凡的蛋料理，仿如洗桑拿般，结束后仍慵懒地闭目微笑，意犹未尽。剖切面的蛋烧，黄红绿交相叠起，一旁的雪白酱汁，衬着几许翠绿薄荷及随意洒落的红椒粉。尚未及舌尖，心眼之间就先沉浸在如画的风景之中。

甜罗勒
Sweet Basil

材料

甜椒	1颗	全蛋	4颗	白葡萄酒醋	1匙
盐	适量	奶酪片	2片	芥末籽酱	1大匙
黑胡椒	适量			薄荷	适量
橄榄油	适量	**酸奶薄荷酱**		盐	适量
干燥综合香草	适量	原味酸奶	2~3大匙	黑胡椒	适量
甜罗勒	6~8片	蛋黄酱	2大匙		

做法

1 甜椒切条状；甜罗勒切末备用。

2 甜椒以盐、黑胡椒、干燥综合香草及橄榄油调味；放入烤箱，用180℃烤20~30分钟，放凉备用。

3 将酸奶薄荷酱的材料放入碗中搅拌均匀即可。

4 全蛋加入甜罗勒叶末拌匀，倒入平底锅煎成蛋皮，铺上奶酪片及甜椒，卷起来并切成小段，佐酸奶薄荷酱享用即可。

奶香波特菇玉米糕

　　玉米糕是用玉米粉煮成的，但此玉米粉并非我们东方常见的细致玉米粉，而是意大利北部传统的食材Polenta Istantanea。意大利的玉米粉是由玉米粒研磨成粗细两款，颜色则有黄及米白两种。通常加牛奶或水煮成玉米粥，或放凉变硬成玉米糕，就是现在介绍这道食谱中的做法。除了咸食也可做成甜点，是意大利北部的传统主食，甚至比米面及比萨都更具有历史。

　　波特菇又称龙葵菇、皇帝菇，约一个手掌心大小，大都产于欧洲及北美。由于肉质肥厚，烤起来比一般香菇更富有软弹咬劲，香气更为鲜美浓郁。与之搭配的香草是菇类的超级好朋友 —— 迷迭香。它的木质香调使得菜肴整体更具深沉迷人之气息。

　　这道食谱大概能名列这几年香草料理餐会中，前菜类的冠军。几乎场场都有人为它喝彩，学员们回家再做的比例也非常高。就算没有玉米糕，也不必特别加香草奶油，只要些许好的橄榄油、新鲜蒜末及辣椒片、现磨胡椒粒以及它的超级好朋友迷迭香，放入烤箱烘烤十来分钟。出炉时手脚得利落些，否则很快就被一扫而空。好几回家庭聚会，只要一端出烤箱还来不及上菜，就在厨房里被抢食一空。写到这里，我倒勾起自己胃里的馋虫了。

迷迭香
Rosemary

材 ✔ 料

玉米碎粉	0.5杯	蒜泥	1大匙
鲜奶	1杯	辣椒片	
开水	1杯	（视喜好添加）	适量
黄油	1.5厘米见方	香草黄油	
盐	适量	（详见216页）	1薄片
黑胡椒	适量	细香葱	1枝
波特菇		迷迭香	1枝
（大香菇）	4朵	香菜花	1枝

做 ✔ 法

1 将玉米碎粉、水和鲜奶，放入锅中用中小火搅煮成浓稠状，最后放入黄油块，并用盐及黑胡椒调味。

2 做法1的玉米糕放凉后，压成圆形，放入烤箱，用180℃烤至面焦黄。

3 波特菇用盐、黑胡椒、辣椒片、蒜泥调味；放入烤箱，用180℃烤10～15分钟即可。

4 将波特菇、香草黄油、玉米糕依序叠起，上方点缀细香葱末、迷迭香和香菜花即完成。

番茄豆子浓汤佐青酱

　　一道食物的美味与否，首要着眼于两个部分，香气之于嗅觉，色相之于视觉，而色相又以颜色为入眼先决。暖色系的红橘黄，诱发人的食欲，再搭配对比色或食材之间的和谐度，能提升菜肴的整体风味，也令食者的感官留有深刻印象。这道汤品约莫如是，番茄与罗勒为红与绿的色彩对比，食材风味契合的加持，是一道冷热皆宜的好汤。

　　一碗好喝的浓汤，其食材的前置处理，能七八成决定它的风味展现优劣。这道食谱里的三款基础食材，先加适量香料并高温烘烤，能将其新鲜时的那股呛酸涩，转化为柔顺圆润的风味。当然这其中香料功不可没，芫荽籽与新鲜芫荽虽是同一款植物，但我感觉两者之间的香气非常两极。就像豆蔻年华的女孩儿与风韵犹存的女人，新鲜芫荽呛味鲜明，而芫荽籽初闻浓烈，再转温润。少量的芫荽籽捣碎入料理，能使菜肴多了股融和柑橘、青草与坚果般的多层次撩人余韵。

　　这道汤品令我想起某一场参加的学员，那时她身怀六甲开心地来到教室。做菜过程中，虽然有纸本笔记，但只见她自行以彩笔边上课做菜边涂涂写写。**原来她以速写彩绘，记录着属于她的香草料理餐会，非常活泼生动的图文记录，也给我留下深刻难忘的印记。**就如这道"番茄豆子浓汤佐青酱"般，烙印于许多学员们的回忆里。

芫荽籽
Coriander

材✓料

洋葱	3颗
番茄	8颗
鹰嘴豆	200克
芫荽籽	适量
盐	适量
黑胡椒	适量
青酱	适量

做✓法

1. 鹰嘴豆先泡水一晚，隔天倒掉水，蒸（煮）熟备用。
2. 洋葱、番茄切块，撒上芫荽籽、盐和黑胡椒；放入烤箱，用180℃烤20分钟。
3. 将做法1和做法2放入调理机打成浓稠状，可视个人喜好过滤或酌量加水，加热食用时，舀一匙青酱佐食即可。

青酱

材✓料

甜罗勒（或九层塔）	100克
松子（烤过）	30克
蒜头	4～5颗
橄榄油	120毫升
盐	1/4小匙
黑胡椒	少许
奶酪粉	2大匙

做✓法

甜罗勒全部洗净，尽量甩干水分。将所有材料放入调理机搅打均匀，倒入密封罐中，再倒入一层橄榄油封住表面，较不易有氧化发黑现象。

 小笔记

- 冷藏可保存1～2周；冷冻大约可保存6个月。
- 此比例可做200～230克的青酱。

意大利时蔬面卷

　　常来参加餐会的朋友们都知道，我很爱揉面团，大抵是来自童年与父亲之间的回忆。父亲虽不是外省人，但却爱做面条，于是脑海里总有乡间宅院与父亲一起揉面团、切割与晾晒的画面。不知是否为移转作用，孩子童幼时，我买了一台意大利制面机，假日喜欢与他们一起揉面团做料理，说说我的童年回忆。**我想，或许未来他们也会跟儿孙们揉面团，聊聊他们的儿时回忆，聊聊他们有个爱做菜、爱种香草的祖母。**一个人时也爱伴着音乐，静静缓缓地揉着面团。仿佛把回忆就这么揉入其间，烘烤着、品尝着心里的回忆滋味。

　　书写的此刻，翻出餐会的相片，回忆一涌而上。那时仍是旧空间，我在客厅角落架了临时的晒衣杆，买了几个新的木头晒衣架。每场学员几乎都是首回做香草面皮，当揉进香草的面团，从制面机的那端压平滑出时，大家无不惊声笑语，经过反复揉压后，长薄的饼皮里，镶嵌着翠绿叶片，极像一款艺术创作。

　　大家分工合作，揉面团、压面皮，将面皮挂上晒衣杆的衣架上，大家打趣着说，这加工厂的一条龙生产线，越来越流畅，越做越美丽，看来以后订单可接不少！大家偶尔交换着手边工作，这期间总不时看见衣架缝隙间，或出现琢磨着美丽押花面衣的侧颜，或漾着一张张微笑端看的脸庞。那笑容洋溢着幸福喜悦，好似在看着一个刚出生的白胖婴儿般，心头甜蜜蜜，顿时令人想哼起这首老歌。

　　这道主食的特别之处在于结合了当地常见食材，像红薯叶、毛豆仁等蔬菜，混合欧芝挞奶酪与茴香。让传统意式面食融合本土风味，再加入新鲜茴香叶，营造菜色的多样化风貌。**虽在前几本著作里都有提到，茴香与莳萝的差别，于此再提一回，只因在台湾北部菜市场，大都把莳萝当茴香来卖。菜贩习以闽南语"茴香仔"称呼它，然实则为莳萝。最大的不同处在于，茴香味似八角，叶子较青翠；莳萝则像芹菜，叶色较深绿。**

茴香
Fennel

材料

红酱	1大碗	面团	
（或番茄酱，详见285页）		高筋面粉	250克
焗烤奶酪丝	适量	冷水	100~110毫升

内馅一		内馅二	
欧芝挞奶酪	依比例	欧芝挞奶酪	依比例
玉米粒	30～50克	红薯叶	1小把
毛豆仁	30～50克	蒜末	2～3颗
干辣椒末	适量	茴香	2枝
茴香	2枝		

（以上奶酪与食材比例为1：2）

（以上奶酪与食材比例为1：2）

盐	适量
黑胡椒	适量

做 / 法

1　将面粉与水和成团（过程中若觉得太干，可再视状况加水），揉约10分钟至表面光滑；放置于容器中，醒约20分钟。

2　内馅一的玉米粒、毛豆仁、奶酪、干辣椒末、茴香末、盐和黑胡椒拌匀备用。

3　锅中放入内馅二的蒜末炒香，接着加入红薯叶及盐调味；放凉后与奶酪、茴香拌匀备用。

4　做法1醒好的面团切小块，放入制面机中，分别以大中小段各擀2～3回成宽薄面皮。

5　将两种馅料分别放入面皮前端，再卷作圆筒状，尾端以水压实黏合面皮。

6　烤钵底部先铺上红酱（约容器的三分之一高度），接着放入做法5的面卷，铺上焗烤奶酪丝。放入烤箱，用180℃烤20～25分钟，表面呈金黄色即完成。

香料炖苹果佐脆香坚果

　　这是红酒香料炖洋梨的姐妹版，非常适合春秋时分不疾不徐的季节感。将红酒改为白葡萄酒，洋梨改用小颗苹果，其余香料皆同。另外品尝时，搭配上微烘烤过的杏仁片，能替软硬适中、酸甜参半的炖苹果，带来口感上的微妙冲击。

　　料理这道炖苹果时，由于不舍削掉的苹果皮，于是在取出炖苹果时，将之放入稍熬煮，不久即见汤汁因天然胶质释放转为浓稠。浇淋于成品上，淡淡的琥珀色汁液，轻轻挨着奶油色的苹果，令人口水直咽，食指大动。

丁香
Clove

材料

材料	用量	材料	用量	材料	用量
苹果	3颗	杏仁片	适量	小豆蔻	6个
白葡萄酒	盖过苹果的量	香料		八角	2个
砂糖	40克	肉桂	3根	月桂叶	2片
柠檬	1颗	丁香	6个	柠檬皮	1颗

做 **法**

1 苹果削皮,皮留着备用;杏仁片放入烤箱烘香备用。

2 将香料、苹果皮、白葡萄酒和砂糖倒入锅中,掀盖煮约3分钟,待酒精挥发。

3 接着放入削皮后的整颗苹果,用中小火炖煮20~30分钟,熄火放凉。

4 取出苹果盛盘,淋上基底酱汁、一匙柠檬汁,撒上烤香的杏仁片、少许柠檬皮,即可品尝。

🖊 小笔记

· 冰镇后风味最佳。

· 苹果皮含天然果胶,可使汁液变浓稠。

香草黄油

　　香草黄油是一款制作简单，却拥有极多用途的香草调味运用。能单独涂抹于面包，也适合融入炖饭（菜）及意大利面，又或者在刚出炉的烤蔬菜里加上一小块，都能增添风味。若是没有新鲜香草，也能用市售干燥香料。100克黄油约加入5克的用量来制作。

迷迭香
Rosemary

材料		做法
黄油	250克	待黄油回温变软，将所有材料拌匀后，用保鲜膜卷成圆筒状，放入冷冻保存。食用时再切小片回温即可。
新鲜香草	6～8枝	
蒜末	1匙	
辣椒片（视喜好添加）	适量	

 小笔记

　　香草可使用迷迭香、百里香、细香葱、香芹、鼠尾草。可单方或2～3款混搭。

印度香料
情缘日记

我想不仅是我，或许正在读此文的你，也曾有过如此感受。在这世上就是有那么个远方，是你一直未曾到访，却心心念念着有朝一日能如实踏上，那里的一景一物总是有股熟悉感。**我深信着轮回转世，也相信那一方念想之地，肯定是某世灵魂的居所。印度之于我，就有如此深刻的感受。**

印度一直是我心之所向却仍未到访的国度，吸引我的其一因素，是其料理中融入了许多辛香料。多年前看过一部电影《香料情缘》，片中的女主角是市集里某间香料铺老板的女儿。幽暗室内，柜里盛装着香料，透过画面仿佛嗅闻到那隐约的香气。我曾一度爱上印度料理电影，沉浸于那透过画面传递出的食物色香，以及那似曾相识的生活味儿。我想正是这份念想积累，今年的秋天，就让餐桌洋溢着印度风情吧！

蔬果豆香温沙拉

　　印度蔬食由于融合各式香料，所以风味的展现极多元。玛莎拉（Masala）是一种综合香料粉，每家每户都有自己喜爱的配方。与洋葱、蒜头、姜等新鲜辛香料结合就是咖喱锅底，与牛奶红茶同煮就是香料奶茶，也可以直接加进原味酸奶里，当成各式主食或沙拉的佐酱。这道温沙拉正是如此，点缀上烤香的花生碎及新鲜芫荽，口感与风味更显活泼趣味。

　　这道香料温沙拉，是我很喜欢的一道菜肴。将各式豆子浸泡一晚，隔天过滤清洗后再（蒸）煮过，拌上初榨橄榄油与盐。加上手边现有的蔬果，撒上些许香料或烤或煮，再两相拌匀，舀上一大匙的玛莎拉酸奶酱。若不爱这味儿，可直接多撒些香料或香草，就是一道营养丰富又美味的主食。**一道料理中，豆类蔬果类就近十种，再加上各式辛香料，一餐就能摄取多款食材的菁华。**若是当天未食用完，隔天一早可当成煎蛋饼内馅，或者煮颗水波蛋、水煮蛋，一日伊始身心即蓄满能量。

姜黄
Turmeric

材料

凤豆	100克	盐	适量
鹰嘴豆	100克	黑胡椒	适量
黑豆	100克	橄榄油	适量

（豆类至少泡水3~4小时，蒸或煮熟备用）

洋葱	1颗	玛莎拉酸奶酱	
南瓜	1/2颗	小黄瓜	1/2条
胡萝卜	1条	红洋葱	1/2颗
节瓜	1~2条	番茄	1/2颗
茭白笋	2条	原味酸奶	60克
菜花	1/2颗	玛莎拉综合香料粉	适量
豆皮	5片	新鲜香菜	适量
芫荽	适量	烤香花生碎	适量
薄荷	适量	盐	适量
黄芥末籽	1/4小匙		
姜黄	1/2小匙		
阿魏	1/2小匙		
烟熏辣椒粉（视喜好添加）	1/4小匙		

做法

1 凤豆、鹰嘴豆、黑豆泡水3~4小时，再蒸（煮）熟后，加入盐及初榨橄榄油拌匀备用。

2 洋葱、南瓜、胡萝卜、节瓜、茭白笋和菜花切块，用适量综合干燥香料、橄榄油、盐和黑胡椒拌匀；放入烤箱，用200℃烤20分钟备用。

3 将芫荽末、薄荷、黄芥末籽、姜黄和阿魏包入豆皮里，并用烟熏辣椒粉、盐、黑胡椒和橄榄油调味；放入锅中煎至两面焦黄后，再切成条块状。

4 将小黄瓜、红洋葱、番茄去籽切块后，再加入酸奶和玛莎拉综合香料粉拌匀后，加入盐调味，撒上香菜、烤香花生碎，完成玛莎拉酸奶酱。

5 将做法1、做法2稍拌匀，做法3豆皮铺放表面，佐上玛莎拉酸奶酱即可。

香料鹰嘴豆丸佐时蔬沙拉

　　书写餐会食谱这段时间，习惯翻出脸书的照片记录，每回总能唤醒餐会里欢乐又难忘的回忆。偶尔也会发现一些菜肴成品与我先前所列的内容不同，关于这点，常来参加的朋友们都知道，我偶尔会视采买现况而微调食材与做法。在这道沙拉里，我多加了红石榴，看着照片的此刻，那红艳小巧的石榴籽，缀于橙色胡萝卜丝上方，翠绿的香菜、薄荷与莳萝叶，如雪花般的柠檬皮零星覆盖其上。用柠檬黄的椭圆大盘盛装，这道前菜沙拉的整体风味，颠覆了好多学员对新鲜胡萝卜的印象。

　　台北东区有间印度食材店，我时常闲逛其中。该店位于大楼中的安静办公间里，工作人员说着还算流利的中文，除了香料与食品，也有食谱书与工具。听着店内播放的印度音乐，一列列走着，一样样观看着，每回都希望能有什么新发现。也因此买了一两样特别的印度料理器具，工作人员偶尔也会与我分享食谱，这道蔬菜丸，大抵也是在这种时候得来的灵感。

　　用台湾不常见的鹰嘴豆粉与香料蔬菜等拌成粉糊，用汤匙挖球高温烘烤成丸子状。再铺放于胡萝卜沙拉大盘的边缘，搭配食用。这是一道非常开胃又能带来小小饱腹感的前菜。

茴香
Fennel

材料

鹰嘴豆丸		盐	适量	莳萝	适量
鹰嘴豆粉	150克	黑胡椒	适量	香芹	适量
菠菜	1把	全蛋	1颗	橄榄油	4~5大匙
玉米粒	2/3罐	水	适量	姜黄	3~4小匙
青辣椒末	2条			阿魏	3~4小匙
洋葱末	1/2颗	时蔬沙拉		烟熏辣椒粉	适量
孜然	1/4匙	嫩姜	1小块	盐	适量
小豆蔻	1/4匙	胡萝卜	1小条	黑胡椒	适量
芫荽籽	1/4匙	红洋葱	1颗	柠檬汁	适量
烟熏辣椒粉	适量	大头菜	1/2颗	柠檬皮	适量

做法

1 菠菜炒熟后，尽量去除水分，与其他食材及香料混合成泥状。

2 将做法1用汤匙舀一匙于烤盘纸上，放入烤箱，用180℃烤15~20分钟；最后5分钟同温度改上火烤至金黄，即完成鹰嘴豆丸。

3 嫩姜、胡萝卜、红洋葱和大头菜去皮刨丝，以盐水浸渍20~30分钟去辛辣；香草洗净切末备用。

4 橄榄油稍加热，放入时蔬沙拉的香料（除柠檬汁和柠檬皮外）及调味料，熄火；和做法3拌匀，淋上适量柠檬汁与柠檬皮，与鹰嘴豆丸一起享用。

北印传统薄饼

　　虽同属印度这块国土，但由于风土作物与生活的种种差异，印度南北的饮食习惯也稍有不同。北方以饼类为主食，口味稍清淡；而南方则以米食为主，口味较浓重。米食或薄饼，清淡或浓烈，于我而言两相宜。**犹记得初次品尝到不同口味的薄饼，不论是蒜香、黄油或香料，我吃得兴味盎然，食毕再来碗咖喱饭。那感觉不仅是身体吃饱了，连灵魂也一并被某种隐形的东西给喂养了。**

　　初次尝到印度酥油，是来自一位旧学员。她生活里的所食所用，皆经过精挑细选，也颇有独特的个人风格。那回她带来一瓶亲自煮制的印度酥油，单纯蘸食面包就能品尝到纯粹的奶油香气。听她分享才知，原来印度酥油是用天然奶油予以加热过滤而来的。加热时能将奶油里牛奶固形物与水分去除，萃取出精华般的油脂；而另一项好处是，过滤后的印度酥油无须冷藏保存。而根据我的后续探查，印度酥油是印度千年传承的阿育吠陀自然医学推崇的油品，不仅含有大量的维生素，还能帮助消化与降胆固醇等，其中尤以润滑结缔组织增加身体灵活度这点，备受许多瑜伽爱好者的喜爱。

香芹
Parsley

材**✓**料

印度（高筋）面粉	250克
盐	1小匙
温水	100～120毫升
印度酥油（Ghee）	3～4大匙

做**✓**法

1　将面粉与盐拌匀，慢慢加入温水，将面团揉至不粘手即可；放入容器中盖上湿毛巾，醒约30分钟。

2　将面团切割成小团，再擀成约0.3厘米的厚度；放入平底锅以中大火烙，有气泡时用铲子压一下，两面反复烙7～8秒，持续2～3回。直至双面有焦黄小气泡即起锅，趁热刷上印度酥油（Ghee）食用。

✎ 小笔记

醒好切割的面团里，可视喜好加入各式新鲜香草、香料或辣椒。

印度风味时蔬咖喱配
番红花香料饭

　　咖喱两字源自于印度，后来因香料的传递，饮食概念也延伸至东南亚诸国。像是泰国就会加入当地产的柠檬香茅、柠檬叶、咖喱叶等新鲜香草，也因应当地人的口味，添加椰浆丰富滋味。后来，日本更将技术融合制成方便调理的咖喱块，成为许多家庭主妇（职业妇女）的最爱。一锅咖喱，肉蔬皆可，丰俭由人。搭食白饭或面条等主食，或可稀释成火锅汤品，隔夜再食更显美味。所以只要煮上一锅咖喱，隔日可不必再为午晚两餐伤神，营养丰美，大人小孩皆爱。

　　咖喱块虽快速简便，但得空时我还是喜欢一次多做些咖喱基底酱，保存于冷冻室，食用前加水化开，再加入喜爱的食材，这部分跟咖喱块一样有效率。只是论起香气及营养，那自然无须多言。就煮制过程而言，自制咖喱实为嗅觉感官的一大享受。**从研磨香料及现切辛香料开始，空间即弥漫着综合的植物香气，接着入锅拌炒，借由油温催化，浓郁的香气好似能钻进体内每个细胞，随着熬煮的分秒流逝。**接着，味觉来接手，一顿煮食咖喱的过程，身心仿佛被香料洗涤滤净，并倾入无与伦比的植物能量。

番红花
Saffron

材料

洋葱	2颗	小豆蔻	6个
老姜（拇指大）	2块	绿辣椒	1个
蒜头	5颗		
番茄	2颗	**香料粉**	
马铃薯	2颗	姜黄	1小匙
胡萝卜	1条	辣椒粉	1/2小匙
蘑菇	1盒	芫荽籽	2小匙
四季豆	1包	孜然	2小匙
菜花	1/2颗	丁香	1/2小匙
新鲜栗子	100～150克	小豆蔻籽	6个
腰果	100克		
鲜奶	200毫升	**番红花香料饭**	
盐	适量	印度长米	3杯
砂糖	适量	水	3杯
		番红花	1/2茶匙
		姜黄	1/4茶匙
香料		盐	适量
芫荽籽	2小匙	印度酥油（Ghee）	适量（视喜好添加）
孜然	2小匙		
茴香	1小匙		

做**∅**法

1 长米与水按照1∶1的比例配置，放入电锅中，并加入番红花煮熟；待熟后加入姜黄、盐与印度酥油拌匀，稍静置即完成番红花香料饭。

2 腰果和鲜奶放入调理机打匀，完成腰果浆。

3 将洋葱、老姜、蒜头、番茄切小丁备用；马铃薯、胡萝卜、蘑菇、四季豆、菜花、栗子切小块备用。

4 热油后，放入香料炒香，直至小豆蔻鼓起即可。

5 再加入洋葱、老姜、蒜头以中大火拌炒5～6分钟，至洋葱呈浅褐色后，放入番茄拌炒2～3分钟。

6 接着加入香料粉，用小火拌炒约30秒（小心别焦了，会变苦）。

7 最后放入马铃薯、胡萝卜、蘑菇、四季豆、菜花和栗子稍拌炒，加入盖过食材的水量，以中小火炖煮；最后3分钟倒入做法2的腰果浆，并加入适量盐及糖调味，即可配上番红花香料饭享用。

✎ 小笔记

做法4～6为基础咖喱酱制作方法，可大量制作分成小包装，放入冷冻室保存。

印度香料热奶茶

　　每每煮香料奶茶，脑海都会浮现曾坐落于台北近郊的香草花园，花园主人夫妻俩打造了一方小木屋，落地窗外是美丽宁静的香草花园。与他们相识缘自香草，那时他们来参加几次香草课程，我感受到他们对香草的热爱。夫妻俩有着内敛优雅的文人气息，男主外女主内，花园多数由先生打理，太太则研究香草料理烘焙。里里外外氛围仿佛欧洲乡野的花园餐厅般，令人流连驻足。

　　最令我难忘的是女主人亲手做的甜点。那时正值春日，女主人做了一道草莓甜派，上面铺满了花园里现摘的香堇花与金莲花，小小的甜派好似窗外繁花盛开的花园。那感动我的不只是美味的甜派，而是那份从揉制面团到制作内馅的心意，那是一个人对事物喜爱程度的体现。**虽然几年后，这个如世外桃源般的美丽花园已不在，但它却根深蒂固地存在于我心底。我想对于主人夫妻俩一定更深刻。虽然最终并非如他们当初所想象，但至少这座花园实现了他们的想望，也在许多人心底开出缤纷花朵，馨香难忘。**

　　每当我煮制香料奶茶都会想起女主人，她说这道食谱得自于修习瑜伽的老师（虽然后来我有视口味稍做调整）。忘了初次品尝是否在花园里，只记得当下味蕾的感动。奶香醇厚搭上浓郁的香料气息，那当下真有如穿越时空，包起头巾走在印度街头巷弄里。

肉桂
Cinnamon

材 / 料

红茶（阿萨姆）	3大匙
全脂鲜奶	500毫升
水	500毫升
砂糖	适量

香料

嫩姜	2片
丁香	1/4小匙
肉豆蔻	1个
小豆蔻	5个
八角	1个
黑胡椒	1/4小匙
芫荽籽	1/4小匙
肉桂	1支

做 / 法

1 将香料稍捣出香气，与红茶一起放入开水锅中，用中小火煮约3分钟，待香气释放后加入鲜奶，继续用小火煮约5分钟。

2 熄火前加入砂糖拌匀，过滤后即可享用。

微凉的
秋收食光

—— 前菜 ——
秋摘菌菇野菜佐香草芽苗
—— 汤品 ——
香茅月桂南瓜芋头汤
—— 主菜 ——
时蔬豆泥小面饺
—— 甜点 ——
水果莲藕凉粉佐紫苏糖蜜
苹果蛋糕佐柠檬凝乳

餐会中常见远道而来的朋友们，北至宜兰、东至花莲、南至高雄，这遥远距离交通往返，偶遇就近参加者，常听得瞠目结舌地说道："我以为从台北来桃园参加，已经算很远了，没想到还有人比我更远！"。那不辞辛劳，清晨起床辗转而来的那份意愿，以及所费不赀的交通费，常令我满怀感动并深深感谢。

而参加成员，除了曾有夫妻结伴，偶尔也见母子（女）档。记得秋日餐会的其中一场，很巧合来了两对亲子档。一位是送给儿子的生日礼物，就是与妈妈一起来参加香草料理餐会，听到的当下心里着实感动。想着这个空间，想着母子间共同料理的点滴滋味与画面，或许经过岁月流转，能凝结为彼此难忘的一段回忆。而另一对母女档，则感受她们在料理行进间，有着看似平实却又透露着真挚情感的亲子互动。每每思及此，感性的我则不免又心生感动与感谢。感谢我能拥有这个空间，能拥有一份小小的能力，或许这就是我之所以存在的价值之一。

秋摘菌菇野菜佐香草芽苗

　　不知何时开始，爱上了自播芽菜。厨房里总有些毁损欲丢弃的杯碗锅壶，我喜欢用它们来种，看着那些小铁锅、玻璃杯壶里，一片青翠蓊郁的生命力，有时竟也成了在厨房发呆的好理由。那阵子忽然兴起一股藜麦热潮，这比人类还年长几百倍的地球元老，顿时好似成了健康万灵丹。早已是家里常见主食的藜麦，也成了窗台里的芽苗景致之一，于容器内放些干净土壤，放入红藜麦籽，保持湿润与微光，大约三天冒出小芽，接着放在窗边明亮处，大约一周即抽高两三厘米，砖红色的芽苗在一片绿油油芽海中，非常醒目抢眼。不论沙拉或饭面主食，我都会摘一些搭配食用，感觉吃进了满满的元气。

　　这道前菜以当季皇宫菜搭配菌菇，葱蒜爆香热炒，放入圆模中塑形，上方再叠放水波蛋，搭配各式自栽芽菜及香草花朵，佐罗勒坚果奶酪酱食用。**主食材柔顺滑口，搭配的芽菜花朵清新宜人，风味的糅合，就像是早秋清晨里的微风，阵阵吹着，让人再也不想动。**很"吸睛"很美味的一道前菜，若逢宴请友人用餐，非常值得一试。

芝麻菜
Rocket

材✔料

洋葱	1/6颗
蒜头	2颗
菌菇	2个
时令野蔬菜	1小把
盐	适量
黑胡椒	适量
全蛋	1颗
青酱	适量（详见209页）
芽菜	适量
芝麻菜	适量

做✔法

1　洋葱切丝；蒜头、菌菇切片备用。

2　洋葱和蒜头放入锅中炒香软，接着放入菌菇片及蔬菜拌炒熟香，用盐、黑胡椒粉调味。

3　备一锅水，煮开后放入蛋，用小火煮1分钟，熄火再闷3～4分钟，捞起后完成水波蛋。

4　将做法2以圆形模型塑形，铺上水波蛋及1匙青酱，佐芽菜及芝麻菜食用。

香茅月桂南瓜芋头汤

　　听到南瓜芋头汤，你是不是正想着这会是什么滋味？两样都是我很爱的根茎类蔬菜，某天突发奇想将它们煮成一锅，结果风味真是独特。加上**柠檬香茅与月桂叶，就像全身穿搭里的耳环、项链般，可加可不加，但加得巧妙，便能提升整体质感。**

　　这也很像来参加的朋友们，有些素未相识，个性南辕北辙，但究竟六个小时里，彼此能擦撞出什么样的火花呢？老实说有欢乐，但偶尔也会遇到冷静场次，于我而言都是一种体会。每一场料理餐会结束时，心里都有个拼图成形，或圆或方或呈花朵形状。几年来也串起了许多因餐会结识，进而因兴趣相投、观念相近而成为好友的学员。希望这些因香草而聚的友谊，都能为彼此带来馨香。

月桂叶
Bay

材料		做法	
南瓜	1/2颗	1	南瓜、芋头切成1厘米厚度；香茅根部切段拍碎备用。
芋头	1/2颗	2	煮一锅水，煮开后放入香茅、月桂叶，放入芋头先煮约10分钟，接着放入南瓜再煮6～8分钟（保留口感）。
柠檬香茅	2枝	3	取出约一半量芋头及南瓜，加适量水放入调理机搅打成浓汤状，并以盐和黑胡椒调味即完成（浓稠度可视个人喜好调整）。
月桂叶	2片		
盐	适量		
黑胡椒	适量		

时蔬豆泥小面饺

　　犹记某回，有一位来自宜兰首次参加的新朋友，由于搭车过站了，欲往回走，没想到竟又搭上往台北的车。通话间，我原想告诉她要不要下回再来呢？没想到她说，她已再度坐上往桃园的车，正在高速公路上呢！稍后待她来到，听她再次与大家叙述始末，大家直呼辛苦了，而我心底又是一阵温暖与感动，真是好想补她一个大大的拥抱。她娓娓道来，因为持续关注我的脸书动态，心仪着我的香草生活，所以十分期待这次的"初香聚"。餐会期间，看着她拿着单反相机，频频按下快门，微笑地品尝每道香草料理，之后也陆续来了几回，还带着宜兰好友们一起来参加。

　　我想着那辗转而来的过程，是否也如同揉面团般的心情。以欢喜期待之心，慢慢地前往目的地，**有时不论成品滋味如何，过程中的感受才是铭刻于心的印记。**这几年来发现，参加的朋友都很喜欢大家一起揉面团，通常在家很少有机会；或说有想揉面团的念头，总觉得独自揉面团很费力且花时间，但却很享受于餐会里分工合作揉制面团的欢乐气氛。当然有少数几位跟我一样，偶尔在家也会揉面团，觉得揉捏间随着肢体的律动，身心产生难以言喻的疗愈作用。有位学员跟我分享，这道面疙瘩不像面包面团般需要下更多功夫，添加马铃薯泥后，只需稍微揉搓，便能切块压制，还能发挥创意做不同形状，整个过程更富意趣。你若对以上分享有些心动，那么不如找个时间尝试一下。

百里香
Thyme

材料

洋葱	1颗
番茄	2颗
鹰嘴豆（煮熟）	100克
毛豆	些许
盐	适量
黑胡椒	适量
辣椒	适量
甜罗勒	2枝
面疙瘩	
马铃薯	350～400克
百里香	5枝
盐	1小匙
白胡椒粉	适量
全蛋	1颗
中（高）筋面粉	250克

做法

1　马铃薯煮熟后捣碎（有些小颗粒增加口感），用百里香叶、盐、白胡椒粉调味拌匀，再加入全蛋，分2～3次将面粉加入，揉至成团不黏手即可。

2　将面团盖上湿布醒20～30分钟后，分成小团并揉成长条状；用刀子切小块（约拇指的一半）后，再利用叉子压线即完成。

3　煮一锅沸水，放入面疙瘩，待浮起即可捞出备用。

4　洋葱、番茄切丁备用。

5　将洋葱和番茄放入锅中炒软，接着加入鹰嘴豆及毛豆拌炒，调味后倒入盖过食材的水，焖煮至水分收干，放入做法3的面疙瘩拌匀，最后撒上罗勒叶即完成。

水果莲藕凉粉佐紫苏糖蜜

　　这道甜点发想起因于学员送的一包莲藕粉。与她初识不在家里的料理餐会，而是在社子花卉村的香草生活讲座。首次上课分享时，她娓娓说着，今天是她的生日，来参加这堂课，是送给自己的生日礼物。那当下的感动，此刻仍感受得到。虽然后来与她聊起她早已忘记，但对我而言，这段话语也似份大礼，值得深深收藏心底。

　　因为热爱香草与煮食，她也自然而然成为香草料理餐会的常客。每季一次的聚会，对她而言或许像是一日小旅行般。虽路途遥远，一早起身辗转搭车前来，但一路总带着旅行般的愉快心情，发现身旁那平凡事物所带给她的乐趣，沿途以图文分享于脸书。这几年，开始见她以单反相机，记录乡村生活的点滴。渐渐发现相片的细微转变，不论构图、取景及陈列都更见美感，她总能发现那易为人所忽略的寻常美景，我想那是她本就具有的细腻心思，在大自然的日日洗涤下，而越发透亮清晰。近两年她脸书上的日常生活分享，更加受到许多人的喜爱。大自然的晨光夕照、水田草丛及野花野草，在镜头下犹如一幅幅画作。很欢喜见到她的转变，人生的下半场，她早在不知不觉中以自然里的那份美好为信仰，再次勾勒起幸福的人生蓝图。

　　在这个餐会群组里，大家习惯以芳姐称呼她。每回餐会前一两天，私信群组里开始洋溢起欢乐气氛，开始讨论各自要带什么来。而从最南方来的她，总不顾搭乘公共交通工具的不便，两手拎着大包小包前来。有自家种植清晨采收的蔬菜，还有几回带来一束束盛放的莲花，途中买了大家爱吃的碗粿来分享；又或适逢小番茄盛产，请小农事先快递一箱，让大家当小礼物带回。

　　写着写着，忽然想到食柜里还有一盒她带来的龙眼干。前几日早想着调点薄饼面糊，加点龙眼干碎，淋上些许那罐来自普罗旺斯的薰衣草花蜜。把多年来因餐会而起的这份情谊，也一并收纳于胃里和心底。

紫苏
Perilla

材料

莲藕粉	200克
砂糖	85克
冷水	500毫升
季节水果	适量

紫苏糖蜜

红紫苏叶	15克
砂糖	150克
冷水	300毫升
柠檬汁	25毫升

做法

1. 将莲藕粉、砂糖和冷水拌匀，用小火煮开并搅拌，一发现凝结即熄火。
2. 倒入盘子里，放入电锅再蒸约15分钟；取出放凉切小块备用。
3. 将红紫苏叶、砂糖和冷水放入锅中煮开，再用小火煮约20分钟；熄火取出紫苏叶，倒入柠檬汁再煮约10分钟，完成紫苏糖蜜。
4. 季节水果切丁后，与藕糕淋上紫苏糖蜜即完成。

苹果蛋糕佐柠檬凝乳

一片蛋糕一首歌曲，偶尔会带领我回到某段片刻时光。就像在搅打苹果蛋糕面糊时，那短暂的托斯卡纳居游时光，又涌上心头。料理课结束时，与同行好友们，都买了女主人芭芭拉的家庭食谱书。翻读时，这道甜点令我跃跃欲试。喜欢如此朴实无华的甜点，不需太多工具，一支最普通的家用打蛋器、刮匙跟烤盘就能完成。

餐会里，几位从未做过甜点的朋友，在十来分钟依序搅拌入模的过程后，笑着说，原来做蛋糕并不如想象中困难。以专业甜点师的角度而言，这可是一门大学问，但你若只想偶尔做做甜点，与家人朋友分享，那当然不那么困难了。有兴趣者可多方钻研，**若不想花太多功夫学习，仅想在家庭聚会里，端上自己做的蛋糕**。那么光这个配方及做法，就能有好多变化。

将圆形模换成长形或杯子形，将苹果换成桃子或香蕉，现成果酱也未尝不可。出炉后，糖粉、糖浆、柠檬皮、肉桂粉（苹果）、巧克力屑（香蕉），再点缀上花园里的新鲜香草花朵，一款基础蛋糕犹如百变女郎。或许是个性使然，**看食谱书时，我很少完全依照书上指示，总习惯做些小变化**。就像芭芭拉食谱里的苹果蛋糕，偶尔我会在面糊里调点肉桂，偶尔淋上柠檬凝乳。**依着季节、循着心情，享受在做甜点与吃甜点的过程中**。

薄荷
Mint

材料

苹果	2颗
无盐黄油	80克
砂糖	100克
全蛋（常温）	2颗
鲜奶	50毫升
低筋面粉	100克
无铝泡打粉	1/4小匙
薄荷	适量

柠檬凝乳

无盐黄油	20克
柠檬汁	25毫升
柠檬皮	1/2个
砂糖	30克
全蛋	1颗

做法

1　苹果削皮去核后，切成0.5厘米的薄片，泡盐水备用。

2　将80克黄油放于室温至软化，再与砂糖拌匀，接着分次加入蛋拌匀。

3　低筋面粉与泡打粉过筛后，倒入搅拌均匀，接着加入鲜奶，再次拌匀。

4　将面糊倒入烤模，苹果片铺在面糊表面；放入烤箱，预热至180°烤30分钟。

5　将20克黄油、柠檬汁与柠檬皮放入锅中，用小火煮开。

6　另起一锅将砂糖及全蛋搅打均匀，待做法5煮沸时，分两三次慢慢倒入此锅，不停地搅拌；接着将锅子移至炉上，以小火边煮边搅拌至稍浓稠即熄火，完成柠檬凝乳。

7　取出苹果蛋糕脱模稍放凉，放上薄荷叶，切片后搭配柠檬凝乳食用。

冬季丰藏庆典

Chapter 5

芝麻菜
Rocket

别名： 箭生菜

十字花科芝麻菜属，一年生草本。

利用部位： 花、叶

常见品种： 圆叶芝麻菜、裂叶芝麻菜

特性

叶片初尝带有芝麻香气，稍咀嚼略带苦味。在欧美等国为常见的沙拉菜，超市也常有贩售。近几年，台湾超市也常见进口芝麻菜，但价格颇高。建议可自己种植几盆，轮流采摘点缀餐食。近年台湾园艺业者，也自行培育出新品种"国王芝麻菜"生鲜售卖，也见杂交培育的数个芝麻菜新品种。

栽培重点

芝麻菜喜欢日照充足且通风良好的环境，土壤肥沃但忌潮湿。播种的长成率颇高，可在中秋节后进行播种，一直到次年的初夏前都可采收叶片，从外围开始采收，并定期添加有机肥。若见花苞要尽快摘下食用。开花后植株会开始老化，可采收种子保存。半日照环境下的叶片，香气会比较不呛辣。

使用方法

一般常见融入沙拉中，但也适合在比萨出炉后酌量添加，或各式热炒及烘烤类，在完成后加入，皆可增添风味。

保存方式

新鲜食用。

料理好伙伴

菇类、生菜类、奶酪、番茄。

茴香
Fennel

伞形花科茴香属，一二年生草本。
利用部位： 花、叶、根、茎、种子
常见品种： 一般茴香（甜茴香）、球茎茴香（Florence Fennel）

特性

　　羽状叶片翠绿色泽，入夏会开出黄色伞形花朵，十分亮丽抢眼。在其原生地南欧属多年生草本植物。全株皆可食，具有类似八角的气息，尤以茎部味道最为明显。其他还有近缘品种，如根部会结成球状的球茎茴香。

栽培重点

　　茴香喜好日照充足及排水良好的种植环境。适合以小苗直接种入，不耐移植。可多采收侧边叶片入料理。球茎茴香则要种深一些，底部覆土高一些，以利结球顺利生长。

使用方法

　　茴香具有促进消化、镇痛及利尿之功效。叶片及球茎可刨（切）碎与沙拉共食，也适合与各式根茎时蔬等一同炖煮或烘烤。叶片与种子，都适合制作香草醋或腌渍品。美丽的羽状叶片及伞形花朵，适合压花或瓶插。

保存方式

　　新鲜食用。

料理好伙伴

　　菇类、根茎类蔬菜、豆类。

莳萝 Dill

伞形花科莳萝属，一二年生草本。
利用部位：花、叶、茎、种子

特性

跟茴香外形相似，也是羽状叶加上伞形花朵，所以常被误认。但其实将两者放在一起，就会发现相异之处。茴香叶色鲜绿，叶距稀疏；莳萝则偏灰绿，叶显密集。茴香香气似八角，而莳萝较似芹菜。由于多数传统市集，常把莳萝标示为茴香，所以长时间以讹传讹造成混淆。

栽培重点

莳萝原生于南欧，偏爱日照充足及排水良好的环境。跟茴香一样，目前在台湾，经过多年已驯化为一至二年生。只要在夏天特别注意，在入夏花季前，要将花朵修掉，以避免花落植株迅速萎凋。也要注意水分不宜过多，以避免潮湿烂根。

使用方法

莳萝含有丰富的矿物质及维生素 C，也有帮助消化、舒缓肠胃不适、安抚、镇静等功效。叶片具有除腥及增加食材芳香之效。与鸡蛋或豆干（皮）等同炒，能增添独特香气。叶片与种子，都适合制作香草醋或腌渍品。美丽的羽状叶片及伞形花朵，适合压花或瓶插。

保存方式

新鲜食用。

料理好伙伴

鸡蛋、豆类。

255

BACHELOR'S LAMB
TANGIA

...tion of a handful of different recipes bu it is inspired by a *tangia*, which, like
... for both the meat stew and the earthenware vessel in which it is cooked. It is
...rakesh ... cooked by ... for men. The cooking vessel ... jar shaped
...ter an... and bottom. The ingredients for the stew are put into
...s of th... parchment paper that is secured in place with string.
...filled ... al *hammam* (bathhouse) and buried in the hot ashes
...heats ... ...r to cook for several hours.
...e mad... g... W... we made ... for the Supper Club, we
...lley sp... ... ...'s Wooly Weeders. If you want to simplify
...serve thi... ...ppe salads on page 188 and the couscous that
...getable *ta*... ...ut plenty of bread for sopping up the juice
...risp on the ...d air... on the inside, is ideal.
...nted with a ... ...rent vessels for cooking this dish, including a
...d cast-iron *dou*... ...on pot, and an antique cassoulet dish. Whichever
... make sure it has a ...g ... ...l... to preserve the delicious juices. The direc-
...wly cooking the st... ... in ov... ou can prepare i on the stove top, using
...age 187) to keep th... h... and ...ady. It can also be cooked in a wood-
...g cooker" barbecue... ...r ... ... in a slow cooker.
...spice mixture) is cri... ... ...list, but if you don' have a full spice cabinet
...duce the number of ...g ...it... ou can use a mixture of 1 tablespoon ground
...ound allspice, and 1/4 t... ...fron threads. Or, you can buy a premade mix;
...ork City carries a goo... ... (...r online at www.kalustyans.com). Preserved
...ze, which is why I hav... ...ed 1 to 2 lemons in the ingredients list. If the
...have are large, a single o... ...y sufficient. | SHOWN PAGE ... | SERVES 6 TO 8

...o ...te the *ras el hanout*, combine the pepper-
...rn ... umin, ginger, cinnamon, coriander, nutmeg,
... el... cardamom, and cloves in a spice grinder or
...-c ...ned coffee grinder and grind to a powder.
...ri ... together in ... mortar with a pestle. Reserve
... u... ...ed.

...o ...e the stew, preheat the oven to 275°F to
...e ... th..., the oven is low because this stew
... ...owly).

...RCORNS

...L FRAG... ANT [SEE PAGE 23]

...N

...ER

... OR HOT CHILE POWDER

...GS GROUND

peppercorn

STEW
3½ POUNDS BONELESS LAMB SHOUL...
CUT INTO 12 TO 14 PIECES
¼ CUP UNSALTED BUTTER, PREFER...
CLARIFIED BUTTER [SEE PAGE 2...
¼ CUP EXTRA VIRGIN OLIVE OIL
2 YELLOW ONIONS, COARSELY CHO...
CLOVES FROM 1 HEAD GARLIC, HAL...
½ BUNCH CILANTRO, LEAVES AND...
STEMS ONLY, MINCED
½ BUNCH FLAT-LEAF PARSLEY, L...
TENDER STEMS ONLY, MINCED
AND SQUEEZED DRY [SEE PAG...
1 TO 2 PRESERVED LEMONS [PAG...
RINSED AND QUARTERED
1½ TEASPOONS SEA SALT, PLUS...
...TEASPOON GROUND GINGER
2 LARGE FRESH TOMATOES, PEE...
GRATED ON THE LARGE HOLE...
1½ TO 2 CUPS CANNED TOM...
1 TO 1½ CUPS WATER OR LOW-...
LAMB STOCK

cilant...

细香葱
Chive

别名：虾夷葱
百合科葱属，多年生草本。
利用部位：花、叶

✓ 特性

跟台湾常见的青葱外形相似，只是纤细许多，花色粉紫，十分优雅，其香气也比青葱来得柔和。初春至初夏是其花季，花朵除了观赏也可运用于料理中，具轻微香气。

✓ 栽培重点

原生于欧亚大陆，喜欢全日照偏温凉的环境。需肥量较高，可在季节交替时，施加有机肥，花开建议摘下食用，促进叶片生长。

✓ 使用方法

细香葱跟大蒜及洋葱一样，具有防腐及抗菌功效，但唯一不同的是，不适合烹调过久，否则香气尽失。建议在料理完成时再加入，例如热炒、烘烤及汤品。也适合用于凉拌或酱汁提味。花朵及叶片都很适合运用于单一食材料理，如米寿司、凉拌豆腐或山药、蒸蛋或马铃薯泥。

✓ 保存方式

新鲜食用。

✓ 料理好伙伴

米麦类、豆类、菇类、鸡蛋。

当归

Lovage

伞形科当归属，多年生草本。

利用部位： 叶、根、茎

常见品种： 山当归、圆叶当归

✓ 特性

原产于欧洲、亚洲及北美等地。台湾常见的有两种：圆叶当归叶片较鲜绿，质地较纤软；山当归叶片深绿，质地较硬。两者叶片皆呈羽状分裂叶，有点类似西洋芹菜的叶片，但味道则是浓郁的当归味。花期前，茎节会拉长，开出细致优雅的白色伞形花序。

✓ 栽培重点

喜欢凉爽半日照的种植环境。目前在台湾中部、东部中海拔山区，有农民大量种植，由于气候及地理优势，生长得极好。若想在平地种植，可使用富含有机质且肥沃的砂质土壤，环境要求则是排水性佳且通风良好。可在春秋两季追加氮肥，经常修剪叶片，以促进叶片生长。若见开花，要尽快修剪，以免植株耗弱。想采收根部，约要种植一年后，花期前采收，以免根部木质化。

✓ 使用方法

近几年新鲜当归越来越常见，七八年前在埔里山区，首见小农自售。回家后煮贡丸蛋花汤，放入几片鲜叶，汤头滋味相当清冽鲜美，完全打破了印象中当归根所炖煮的浓厚中药味。后来种了几棵，采鲜叶入菜，例如，切碎拌面线、烘蛋，或与豆腐、豆类揉成饼状，平底锅两面煎香，十分美味。

✓ 保存方式

新鲜叶片及根茎、干燥根部。

✓ 料理好伙伴

米麦类、豆类、鸡蛋。

欧风浪漫小酒馆

这几年的香草料理餐会大多在家里进行，但偶尔也获邀外出举行。还记得多年前的某个午后，电话响起，那端的你道出名字，表示想来参加料理餐会。脑海里想到不久前在居家杂志上看到一则相当典型南欧风格居家的采访，女主人与你同名。经问，果然是你。

初次相见心喜雀跃，几回后熟络，时值岁末圣诞餐会紧锣密鼓进行期间，你邀请我至家中为邻居及好友们举办一场餐会。当下应允，怎么能不答应呢？能在向往的居家梦幻厨房中做菜，那可是一件多么幸福美好的事呀！

车停好，走入一个长廊过道，落地窗外一片绿意，底端的门推开，深绿色调中岛厨房迎面而来。视线已被餐桌的明亮吸引着。一进门真有如刘姥姥进大观园，墙面角落，无一处不美，无一处不令我心生赞叹，是何等慧心巧手才能打造这一方天地。楼上楼下稍事走晃，听着你叙述空间物事的点滴，心思早已飘得老远，你的话语好似一架腾云驾雾的飞机，带着我漂洋过海到了南法某家乡居庄园。直至回到厨房，准备开始洗手做菜时，心思才又返程。

而另一次的邀约，也是南欧风格居家空间，户外有个美丽的花园，女主人爱作画与园艺。虽然时日已久，但紧临花园的那扇落地窗，光影游移于画架上未完成的画及躺在木椅的书封上，那一幕至今回想起仍鲜明。几次户外举办的香草料理餐会，对我而言是十分特别的难忘回忆。

棍状面包佐香草蔬果沙拉

餐会进行这几年间，发现每个人或多或少都有着不爱的食物，又或者该说是没有找到合拍的料理方式，而让极富营养价值的食材成为自己的绝缘体，在我看来实在可惜。就像这道沙拉里的牛油果，虽说脂肪含量高，不宜天天吃，但它含有的胡萝卜素及多种维生素，对身体健康有着极大裨益，还是要适当摄取，并试着找出自己最爱的料理方式。

一般牛油果最常见的做法是拿来打成果汁，我也曾尝试蘸佐酱油膏及芥末调匀的酱汁，与米饭搭配做成寿司，或者压泥调味做成三明治抹酱。这次餐会前菜，也是很常见的沙拉做法，只是加入了新鲜香草及坚果，让整体有更多层次的风味展现。若是不爱裹上酱料，也可用简单的现磨海盐及黑胡椒，再挤上一颗柠檬汁予以调味，清爽味美没有负担。牛油果其实挺有饱腹感，但若想当主食，也可以再加上马铃薯、通心粉或烤香脆的面包丁，最后别忘了加入具有画龙点睛功效的新鲜香草。

参加过几次餐会的你，令我印象特别深刻。好几次在做菜过程中，你说着："原来可以这么料理，我很少用这种食材，没想到这么简单又好吃。"结束前的分享时刻，你总会细述着，哪道餐点突破了你想象中的味蕾感受。之后我发现，**你开始在脸书记录家庭食记。犹记你第一次参加时说的，这是你首次自己搭车参加料理课，直觉此举是你日常生活中的一种突破，欣喜于见你走出舒适圈，相信会为你及家人的生活带来更多惊喜与美好。**

茴香
Fennel

材料

棍状面包	1/2条
腰果	50克
苹果	1颗
牛油果	1颗
小黄瓜	1/2条
薄荷	3枝
茴香	2枝

酱汁

酸奶	2~3大匙
蛋黄酱	2大匙
黄芥末酱	1.5大匙
柠檬	1/2颗

做法

1 面包切片烘烤；腰果烘香压碎备用。

2 苹果、牛油果和小黄瓜切丁备用。

3 将酱汁材料搅拌均匀，与做法2的蔬果稍搅拌，铺在面包上，再撒上腰果、薄荷和茴香即可。

法式百里香洋葱汤

　　犹记，某场外出举行的香草料理餐会。那日的汤品是需小费功夫的法式洋葱汤。正统法式洋葱汤的汤底用的是牛肉高汤，而我改用综合香草高汤，汤色虽清淡，但汤味多了一股清冽香气。一样搭配上面包片及奶油丝烘烤品尝，那滋味香气啊，一点也不输经典的牛肉高汤做法。时隔许久，女主人还回味说，那加了香草高汤的法式洋葱汤，还真是美味。当黄油在锅里渐渐融化加入洋葱拌炒，释放出一股浓郁的香气。那香气跟空间一样令人赞叹，也像空间中人声笑语所交织出的幸福气息。

　　欢乐的气氛随着汤的煨煮越感炽热。岁末时刻，连空气也都举杯欢腾着。大家还备了礼物交换，据说，餐后有个特别余兴节目。数个小时倏忽而过，一阵杯盘狼藉后，大家期待的时刻来临。原来那瓮底好酒是金色短发一顶，输家需戴上娱乐众人。结果你猜怎么着？我接连当了两回输家，或者该说是赢家？因为这概率真的不太高。但我还真是赢家，那金色短发让我看起来挺有型，个性十足，精神抖擞。我笑说，或许当我年事渐高，白发渐生时，可以就依这个发型，当个白发帅气的祖母！众人大笑不已。首次受邀在外进行的香草料理餐会，就在欢乐打趣声中，画下一年完美的句点。

百里香
Thyme

材料

洋葱	2颗
黄油	30~40克
橄榄油	2大匙
盐	适量
白葡萄酒	1大匙
低筋面粉	1大匙
蔬菜高汤	750~800毫升
月桂叶	1片
百里香	1小匙
黑胡椒	适量
棍状面包	1片
焗烤奶酪丝	适量

做法

1 洋葱切丝，冷锅放入黄油及橄榄油后，洋葱用中小火拌炒，加入盐可加速洋葱软化。洋葱至少炒20分钟，待其焦糖化呈褐色。

2 接着加入白葡萄酒及面粉快速拌炒，再加入高汤、月桂叶、百里香和黑胡椒，用小火炖煮30分钟。

3 将洋葱汤倒入烤碗，上面铺上一片面包及焗烤奶酪丝；放入烤箱，以180°烤至奶酪呈金黄色即完成。

时蔬牧羊人派

　　牧羊人派是英国传统家常料理，其由来典故是家庭主妇为了处理前一晚剩余的肉类及蔬菜，而将之拌炒再铺上厚厚的马铃薯泥烘烤而成。正统是用羊肉馅，而我将之改为四季豆、番茄与洋葱，再加入细香葱及迷迭香两款新鲜香草。这道以蔬菜豆类为主的"伪牧羊人派"，整体风味少了肉类的丰脂油腻，却多了清新舒爽的自然风味。

　　传统是用大烤盘分食，而我则用小烤盅，有瓷器及铸铁材质，颜色缤纷款式不一。我喜欢看着每个人，欢喜愉悦地挑选烤盅，你来我往的对话间，一双双铺放食材的手，在我眼前交错着。常常在学员们所拍的照片中，发现每双正在工作的手，是有表情与情绪的，隐含一股流动的生命力，在我眼中越发美丽。

细香葱
Chive

材 ✓ 料

马铃薯	500克	盐	适量	鹰嘴豆（蒸熟）	100克
迷迭香	2枝	黑胡椒	适量	四季豆	1小把
鲜奶	100毫升	洋葱	1颗	细香葱	2枝
黄油	20克	番茄	2颗	红椒粉	适量

做**V**法

1. 洋葱、番茄和四季豆切丁备用。

2. 将马铃薯煮熟，与适量迷迭香细末、鲜奶、黄油、盐和黑胡椒拌匀备用。

3. 热锅放入洋葱炒香，加入番茄及蒸熟的鹰嘴豆拌炒，最后加入四季豆及少许水，煮至七八分熟。

4. 在烤盘底部铺上做法3的蔬菜，接着铺上做法2的马铃薯泥，表面用叉子随意划上线条。

5. 放入烤箱，用180℃烘烤15～20分钟，最后5分钟用上火烘烤上色。趁热撒上细香葱末及红椒粉即完成。

意式饺子

　　书写这道食谱时，翻起了旧照片，里面有一张的画面是木头砧板上，错落纷陈着制作中的绿色及橙色蝴蝶面。薄白似雪的面粉撒落在砧板上，特别喜欢这张照片，有一种随性自在的生活感。若没有记错，那天大家用做意大利小方饺剩余的面皮，即兴玩起了手工面，波浪刀裁切再手捏塑形，竟比当天主角意大利小方饺更引人注目。就像旅行途中，那偶遇的美景，特别深刻难忘。

　　因为从无到有全程手工，所以将重点摆在如何制作意大利小方饺，搭配酱汁的部分，就以简单淋上初榨橄榄油的方式来品尝原味。所以在面皮部分，特别利用菠菜及甜菜根的天然色素，来增加点色相。甜菜根的红色面皮在下水之后会褪为粉红色，非常独特，当然也可以改用南瓜的暖橘色调，或以番茄泥来取代甜菜根。内馅用台湾常见的组合也无不可，只是意大利常见的经典奶酪内馅，非常推荐！

　　曾在料理节目中看过，一位意籍女厨师，将一颗全蛋打入，作为意大利小方饺的内馅，再刨点奶酪及现磨胡椒粉，下水烹煮过程像是如临大敌般小心翼翼。待浮起取出，如小碗般尺寸的大饺子，铺放在大汤盘里的南瓜浓汤中央，表面放上新鲜香草，模样令人垂涎。

百里香
Thyme

材料

橄榄油	适量
欧芝挞奶酪	适量
百里香	适量

面团

高筋面粉	250克
全蛋	1颗
番茄泥	80~100克
菠菜泥	80~100克
盐	1匙

红番茄饺内馅

蘑菇	1盒
洋葱	1/2颗
迷迭香	2枝

绿菠菜饺内馅

菠菜	1把
菲达（或欧芝挞）奶酪	适量
原生鼠尾草	5~6片

做法

1 将面粉加入蛋液和盐稍拌匀，分成两份后，接着分别加入番茄泥、菠菜泥，慢慢和成团（过程中若觉得太干，可再视状况加水）。

2 面团揉约10分钟，直至表面光滑；置于容器中，醒约20分钟。

3 分别将两种馅料炒（烫）好，尽量沥干水分，放凉备用。

4 面团切小块放入制面机中，分别以大、中、小段各擀2~3回，成宽薄面皮。

5 间隔平均铺上馅料，四周涂上蛋液，再擀一片稍宽盖上；用切割器切成四方（长）形，四周用手压合即可。

6 煮一锅水，沸腾后放入饺子，3~5分钟浮起即可盛起，淋上橄榄油、欧芝挞奶酪及百里香一起品尝。

法式薄饼佐香料红酒炖洋梨

　　每逢秋日，看到水果摊上美丽的红色西洋梨，脑海总浮现炉上那正冒着热烟红艳艳、香喷喷的红酒炖洋梨。我总会揣上几个回家，让自己浸淫在那溢满糅合了红酒与香料的气息里。偶尔走近将西洋梨翻身浸色时，总会不小心看着看着就入了迷。那冉冉而升的轻烟向鼻间袭来，像一支训练有素的军队，从未打过败仗般，向着我进攻。浅啜一口，简直投降了！我喜欢温热品尝，撒上几叶柠檬百里香细细的叶片，再刨些柠檬皮屑，淋上锅里浓缩的汁液，这种时刻，心里总升起一股平静的幸福感受。

　　红酒炖洋梨也可冷藏保存，隔日再尝风味色泽更深厚醇美。除了单独品尝，也可以搭配冰淇淋，或是如同这道食谱再煎片薄饼，搭配些新鲜香草花朵，让这道甜点热闹丰美些。同样的材料熬煮十来分钟，即是德国人在圣诞节的传统热饮 —— 香料热红酒。

　　连续两年的秋冬餐会里，都是以这道甜点画下句点。印象中某次的圣诞主题餐会，这道甜点深受喜爱。除了干燥香料，也加入了新鲜百里香一起炖煮，成品十分呼应圣诞气氛。犹记那日餐会结束后，便有学员立刻前往超市采买食材与香料，事后她与我分享，这道看似很厉害的甜点，替她的圣诞餐桌增色不少。也有一位学员是以这道甜品为两人的圣诞大餐画下句点，不知这道甜点有没有让她与另一半的感情升温？有时想想，甜点还真肩负着重责大任呀！

肉桂
Cinnamon

材料

薄饼

低筋面粉	120克
全蛋	2颗
砂糖	20克
鲜奶	240毫升
柠檬百里香	适量
黄油	适量

炖洋梨

西洋梨	8颗
红酒	盖过洋梨的量
八角	4~6个
丁香	8个
肉桂棒	4根
柳橙皮	2颗
砂糖	80克

做法

1. 将低筋面粉、全蛋、砂糖稍拌匀，分次加入鲜奶搅拌均匀；放入冰箱冷藏20~30分钟。

2. 将炖洋梨的材料（除西洋梨外）入锅，用中火煮开，再转小火继续煮约3分钟让酒精挥发。

3. 西洋梨去皮后放入锅中，小火盖锅炖煮30~40分钟后取出。继续将酱汁熬煮至稍呈浓稠状备用。

4. 取不粘平底锅，用黄油轻抹锅面，稍加热后，将平底锅倾斜，倒入一汤瓢面糊，转一圈呈圆形。待边缘呈稍焦状，再翻面煎一下即可起锅。

5. 将薄饼折成三角形摆放盘里，一旁摆上西洋梨，最后再淋上红酒香料酱及柠檬百里香，即刻享用。

冬日暖阳
野餐趣

那是你第一次跟好友来参加，犹记得你站在厨房窗台边，轻轻对我说着："看着你在脸书的分享，我总想象着这里的一切。好开心，我终于来了。"后来才得知，你来时已罹病。不知过了多久，我无意间知悉你离世的消息，当下好震撼，瞬间泪水盈眶。虽仅有一餐之缘，你的温柔婉约带给我深刻的印象，还想着何时再见你，殊不知早已天人永隔。**我们彼此的生命，因那显得太过短暂的六小时，在我心里交汇出如星斗般的光芒。人生有许多我们无法理解的因缘生灭，仅能提醒自己，珍惜每一次的相遇。**而与你交会，让我扎实地感受到"一期一会"这四个字，那已不是表相的口语或文字，而是力道强烈的真实感受。

柳橙鲜菇佐茴香

　　早期，球茎茴香在台湾并不多见。犹记初始的露天花园，秋日我种下了几棵茴香苗，一段时日后根部的球茎慢慢变大，最爱在清晨露水未蒸发前，看着细如发丝的绿叶间，覆满剔透水珠。总喜欢顺手捻来一支吸吮着中空茎里，那甘美如八角香气般的汁液，好似神仙水啊！球茎茴香种植初体验，断断续续采收了十来颗大小不一的茴香球，生食炒煨烤，试了不少食谱，是集园丁与农妇于一身的我，最大的喜乐来源。

　　发想这道前菜时，即有了用马提尼杯来盛装的画面。小巧玲珑的造型，容量正适合开胃阶段。有着浓郁果香的柳橙、红石榴，搭配煎过的杏鲍菇片，以及刨下的球茎茴香薄片，那独特的八角香气与甜美的果液，突破众人想象，无比和谐美味。

　　这次餐会开始前，大伙一起与我散步到露天花园，认识并采摘餐会要用的香草。翻看照片，**某天花园里的一张合照，冬日暖阳映照着一朵朵笑颜，几位好友一起搭公交车前来，因孩子念同一所学校而认识的这群美魔女妈妈们，据说从上了公交车就以包车方式快乐向前行。一推开门，只见几乎人人手握一罐气泡酒，笑嘻嘻地向我问早，不知公交车司机有没有感受到她们的愉快气氛。**整场餐会热闹无比，感受到她们彼此之间的情谊，也感受到整日忙碌于家务及照顾孩子的这群妈妈们，在这个空间里，得到全然的放松与欢乐。相信此夜，必定个个都好眠。

茴香
Fennel

材 / 料

杏鲍菇	1条
盐	适量
黑胡椒	适量
柳橙	1颗
红石榴	1大匙
球茎茴香（茴香叶）	适量

做 / 法

1. 杏鲍菇切厚圆片，放入平底锅煎至两面焦黄，撒上盐及黑胡椒调味后，取出备用。

2. 柳橙切片；红石榴取果实；球茎茴香削薄片备用。

3. 在高脚杯里装入所有食材，淋上些许柳橙汁即完成。

综合香草时蔬谷麦温沙拉

　　身为主妇一定常为冰箱里剩余的零星食材烦恼过，那么这道食谱一定能解决你的困扰，只要加上适量的新鲜香草，若家里没有种，使用干燥香料其实也无妨，一样能煮出好味道。**这是我自己很常做的清冰箱料理，没有外出行程，一日午晚餐都吃得无比欢欣，健康美味且有饱腹感。**

　　各式根茎类蔬菜与生菜加上五谷主食，甚至食谱里没列出的坚果类、奶酪、面包丁与果丁等，都可以加入。通常我习惯边烤边翻看手边有什么食材，随性放一些，没有什么特别的规则可言，仅有一样坚持，那就是一瓶优质的初榨橄榄油。趁着蔬菜烤好时淋上，与其他食材拌匀，每一口都有着丰富的滋味。

　　这样的做法或许会让人感觉像是杂烩，但只要注重食材颜色及盘碟的搭配，就是一道秀色可餐的健康轻主食！各式时令水果、水煮（波）蛋及坚果，更能增添风味层次。像是这次餐会，我在马口铁大花器中，播了几款芽菜，让大家盛盘后各自采摘搭配。富含花青素的西蓝花菜苗，以及略带辛呛感的胡椒草，都颇受大家喜爱。

香芹
Parsley

材料

洋葱	1颗	橄榄油	适量
南瓜	1/2颗	藜麦	40克
红薯	2个	米型意面	100克
马铃薯	2个	北非小米（Couscous）	50克
黄甜椒	1个	细香葱	5枝
红甜椒	1个	盐	适量
香芹	5枝	黑胡椒	适量
奥勒冈	3枝		

做法

1 洋葱、南瓜、红薯、马铃薯和红黄甜椒切小块，加入香芹及奥勒冈，淋上适量橄榄油调味后拌匀。

2 将做法1放入烤箱，用180℃烤20～30分钟。

3 藜麦及米型意面加入2～3倍的水和1/4小匙的盐，煮约15分钟捞起备用；北非小米以两倍的开水和适量的盐闷10分钟备用。

4 将做法2、做法3和细香葱拌匀，最后以盐和黑胡椒调味，即完成。

意式香草番茄面疙瘩

意大利团子（Gnocchi）是由马铃薯及面粉揉捏成形的意大利传统面食，儿（侄）子年幼时，常与他们动手做这一味，从揉捏烹煮至吃食，过程趣味横生，颇能联结人与人之间的情感。意大利的传统配方是以马铃薯为主，但由于风土物种差异性，在台湾也可将红薯或南瓜作为面疙瘩的主食材，但得视食材特性，边揉捏边调整面粉的多寡。这道面食并不需要相当精准的食材比例，像南瓜水分多，我只会加入约马铃薯等重的三分之一或三分之二，只要稍混合面团至不黏手即可，从搅混至揉捏过程约十来分钟。若时间足够的话，可将面团盖上湿布醒20~30分钟，有利于要揉成长条状时的延展性及成品风味。

在台湾各地也有不同做法的面疙瘩。我孩提时期于宜兰乡间长大，印象中母亲时常做一款台式面疙瘩。将面粉、冷水、鸡蛋调成稠糊状，用汤匙舀入内里有着肉及蔬菜的滚沸高汤，当面疙瘩浮起熟透，即刻打入蛋花，撒上香菜末及胡椒粉。犹记刚盛到碗里，总顾不得烫口，一定要先啜口鲜美的汤头，方能定心地开始品尝。记忆里那碗氤氲着热气的面疙瘩，是朴实且难忘的童年美食滋味。

前不久，受邀至宜兰某社大举办香草料理餐会，带领十多位学员做的正是意大利团子（Gnocchi）。由于人数多、时数短，又贪心地想与大家分享更多关于新鲜香草及干燥香料的料理运用，于是以马铃薯及南瓜两种口味的Gnocchi，结合教室外花园里的各式新鲜香草，另现场捣炒香料，炖煮一大锅很适合冬季食用的印度风味咖喱。**当天午餐，就用咖喱酱配食意式面疙瘩，大家边吃边聊着，短短的时间里，学到了这两款东西经典餐食，且搭配品尝毫无违和感，对香草及香料的料理运用，有了更宽阔的视野。当下心喜，想着这清晨出发，当天来回三个多小时的车程，实在太值得了。**

回程途中，在模糊记忆的引导下，拼凑着一块块似曾相识却又无法完整的回忆地图。周末微雨的午后，驱车穿梭于休耕田亩间的乡村道路，脑海里那栋外观贴有砖红色瓷砖童年居住的家，时不时跟窗外出现的房屋重叠着，在同一区来回打转数次，仍未遇见。好吧！再见了！记忆里童年的家。停车，将窗户摇下，湿冷空气扑面迎来。所幸，闭眼间，那碗溢满肉菜香的面疙瘩并未消失，它仍在回忆里氤氲着热气，让我心底升起一股暖意。

奥勒冈
Oregon

材✔料

面疙瘩

马铃薯	350~400克	大芹菜	1~2枝
盐	1小匙	蘑菇	6朵
白胡椒粉	适量	盐	适量
全蛋	1颗	黑胡椒	适量
中（高）筋面粉	250克	番茄酱	适量
洋葱	1颗	水	适量
蒜头	6颗	奥勒冈	2枝
玉米笋	6条		

做✔法

1 马铃薯煮熟捣碎（有些小颗粒可以增加口感），加入盐、胡椒粉拌匀。

2 接着加入全蛋，分2~3次加入面粉，并揉至成团不黏手；面团盖上湿布醒20~30分钟。

3 再分成小团并揉成长条状，用刀子切小块（约拇指的一半）后，再利用叉子压线即完成。

4 煮一锅沸水，放入面疙瘩，待浮起即可捞出备用。

5 洋葱和蒜头切碎；玉米笋和大芹菜切段；蘑菇切片备用。

6 热锅加入洋葱与蒜末炒香后，加入其他蔬菜拌炒，用盐和黑胡椒调味；再加入番茄酱、适量水与奥勒冈稍炖煮。

7 最后放入做法4的面疙瘩，焖煮至水分稍收干即完成。

三款香草比萨——
百里香节瓜、罗勒番茄、迷迭香马铃薯

　　家中楼上储藏室有个活动餐台，那是尚未重新整修前，大家一起做菜的工作台。在连锁家居店以便宜价格购入，在两三年的时间里，迎来送往数百个面孔。大家在这里切菜，备料甚或揉面团，它承载着许多美丽的回忆。于是当厨房整修后，以原木及天然石打造而成，能容纳十多人的中岛台面完工时，虽再也用不到它，但我仍不舍丢弃，好似它是我的糟糠妻，陪着我一路筚路蓝缕走来，有许多难以割舍的回忆与情结。

　　这也让我想起，好几位曾出现却久未联系的餐会学员。无论如何，你们永远存在在我心间的某个角落。照片里的你，将呈现微笑形状的比萨放在嘴边，双眼好似也在微笑。一直留着这张照片，虽久未相见，但听闻你已遇见生命中的伴侣，小宝宝也即将报到，心里相当替你开心。脑海忽而浮现，一个大女孩儿抱着小女娃的逗趣照片。想着开朗如你，在女儿的成长过程中，一定会带给彼此许多欢乐又美好的时刻。

甜罗勒
Basil

材料

面团		面皮	3个	盐	适量
高筋面粉	500克	番茄酱汁	适量	黑胡椒	适量
酵母粉	4克	焗烤奶酪丝	适量	百里香	2~3枝
盐	8克	节瓜	1条	甜罗勒	12片
水	270毫升	番茄	2颗	迷迭香	2~3枝
橄榄油	30毫升	马铃薯	1~2颗		

做法

1. 将高筋面粉、酵母粉与盐倒入搅拌盆中拌匀，接着加入水及橄榄油，再度搅拌稍成团，取出置于工作台上用手揉成团（过程中可揉成长条状并甩打，增加筋性及口感）。

2. 揉至表面呈光滑状后（约20分钟），将面团整成圆形，盖上保鲜膜及温毛巾进行40~60分钟的基础发酵。

3. 待面团膨胀1.5~2倍大，用刮板一分为四，再将其滚圆，盖上保鲜膜，进行第二次发酵（15~20分钟）；发酵后即可分切三份使用。

4. 在工作台上撒些手粉，将第二次发酵的面团，用手压平后，再利用擀面棍擀成圆形，用叉子戳些孔洞。

5. 先在三片面皮上刷上番茄酱汁，再铺上少许奶酪丝，接着分别放上切片的节瓜、番茄、马铃薯，用盐和黑胡椒粒调味后，再分别放上百里香、罗勒、迷迭香。

6. 最后铺上奶酪丝，放入预热至250℃的烤箱中，烤12~15分钟即完成。

番茄酱汁（或红酱）

材料

番茄	3~4颗
洋葱	1颗
月桂叶（综合香料）	2~3匙
番茄酱	3~4大匙
盐	适量
黑胡椒	适量

做法

番茄与洋葱切碎炒香，加入适量的水、月桂叶（综合香料）与番茄酱，用盐及黑胡椒调味；再用中小火煮约至浓稠状即完成。

综合莓果甜点杯

　　最近正阅读着一本在日本畅销的翻译书籍《一菜一汤的生活美学》。字字句句皆在鼓励生活节奏越见快速的现代人，无论一人或一个家庭，都应多自己动手料理三餐。上井善晴先生说："一汤一菜，并非单纯为日式料理的建议菜单；它是一种系统，一种思想，一种美学，更是一种生活方式。""所谓生活，最重要的是打造出一种节奏，每天回到心之所想，回到真正舒适的空间中。"我想，这里所谓的舒适，并非单指空间，而是空间里存在的人，与其周遭事物所营造出的那股氛围。

　　大多数人，只要想到煮食的前置备料及后续清理，就退避三舍，以外食解决。于是作者以一菜一汤为诉求，不仅营养丰富，备料及工序也简易许多，因此在日本掀起一股重新看待家庭饮食的风潮。

　　这令我联想到做甜点这件事，工具工序繁多。当然大多数家庭并没有日日都需要来个饭后甜点，但节假日的午晚餐，还真挺适合来个甜点，慰劳一周的辛劳，并为即将来到的一周储备身心能量。这道简易快速的甜点，就非常适合休假日的舒缓节奏。有着类似一菜一汤的精神，**因为简易所以可以持续，因为持续而养成习惯，因为习惯便能塑造出一种生活态度与风格。就像生活里那些微小却稳定的事物，正是幸福感的最大源泉。**

马郁兰
Marjoram

材料

材料	用量
综合莓果（时令水果）	200克
马郁兰	6枝
蜂蜜	2～3大匙
鲜奶油	150毫升
马斯卡彭奶酪	250克
柠檬（水果）利口酒	2.5大匙
咖啡	2.5大匙
奶酒	2.5大匙
香草糖	1大匙
饼干	150～200克
薄荷	适量

做法

1. 将莓果、马郁兰和蜂蜜先浸渍10～15分钟。

2. 鲜奶油用电动搅拌器打至六分发后，加入马斯卡彭奶酪、利口酒、咖啡、奶酒与香草糖拌匀。

3. 在容器底部先铺适量做法1的莓果与饼干，挤入做法2的内馅，最后再铺上莓果与薄荷即可。（可冷藏约30分钟，风味更棒！）

小笔记

以上材料可制作10～12份。

北非摩洛哥异国食旅

2016的冬天，与几位好友到位于北非的摩洛哥旅行。撒哈拉沙漠虽是行程中的最大亮点，但喜爱香草（料）如我，也在旅程移动中，时不时地被香气或画面召唤着。旅行时，有什么是不必文字赘述，感官就直截了当能感受到的冲击？是五彩缤纷的食材与香料，或氤氲着香气的美味料理，或人声杂沓熙来攘往的市井动态？是的，正是这些。当脑海里的画面已随时间变得模糊，然而当记忆袭来，仿佛一道打开任意门的钥匙，感官再度旧地重游。

首先浮现脑海的，是抵达隔日于拉巴特（Rabat）靠海的山城户外咖啡厅，身着宝蓝衣饰，单手以盘端薄荷茶的先生，那满是笑意又亲切的脸庞再次浮现，我想是因为对耳闻已久的薄荷茶的初体验，所以印象特别鲜明。接下来的旅程中，当行走穿梭于街巷中，头顶仿佛有隐形雷达似的，凡视线出现一丛绿，我的目光便追随着它。那疾行吆喝推着满车鲜绿香草的灰白胡茬老人、眼神迷茫拐杖斜倚在城门卖着新鲜薄荷的老人、摊位上有着各色香草，目光犀利精神抖擞的中年人、手插口袋贩卖蔬果香草的帅气中年人。摊位比邻，堆叠着缤纷香料渍物，蒸腾着香气刚出炉的面包与糕点。这一幕幕交织出异国生活文化最真实的情景，那些不论摊商或买主，想必有着各自的生活角色与悲喜。**不论一个国家的贫与富，这里总是如实呈现着生活的底气，最是吸引旅人的目光且能触动内心的关键。**

四款开胃菜——
香草腌渍橄榄

　　摩洛哥的传统饮食习惯，多以大圆形面包搭配数款小菜为前菜食用。而其中很常见到腌渍橄榄，旅程中也参观了一处专门腌渍橄榄的加工厂。说是加工厂，但规模倒不是太大，比较类似传统市场中的一区。大小容器里盛装正腌渍中的橄榄，而门口则一摞摞叠着包装好的成品。

　　欧洲、非洲的橄榄品种与台湾不同，树形也大相径庭。台湾常见的为沙梨橄榄，很久前品尝学员带来的梅汁腌渍沙梨橄榄，风味相当清爽开胃。于是近日，除了前院那棵好友送的欧洲橄榄，竟也生起在露天花园栽种一棵沙梨橄榄的念头。期待有一天，也能将亲手种植的沙梨橄榄融入香草料理，与更多学员分享。

迷迭香
Rosemary

材✔料

市售瓶装橄榄	350克
新鲜辣椒（干辣粉）	
	适量
黑胡椒	适量
迷迭香	3枝
百里香	3枝
橄榄油	适量

做✔法

1　将瓶装橄榄尽量去除水分（若觉得太咸，可用开水氽烫一下）。

2　加入香草及所有调味料，倒入适量橄榄油。3～4天更为入味。可当开胃菜品尝，也可搭配面包或奶酪。

✎小笔记

将腌渍橄榄放入玻璃瓶中，表面以橄榄油封住，使用时以干燥餐具挖取，可保存一个月左右。也可搅打成橄榄泥保存，拌饭面皆宜。

凉拌萝卜

摩洛哥的前菜食材在台湾也很常见,像马铃薯、甜椒、菜花、茄子等。只是多数为冷食,偏爱温热食物的"亚洲胃"们,在食过数餐之后,都显得兴致缺缺。但我想是饮食习惯不同所致,在台湾也常见蔬菜腌渍物,但搭上一碗热热的稀饭或白饭,常见大家吃得眉开眼笑,意犹未尽。

考虑到餐食的接受度,于是前菜以各两款冷、热食搭配面包食用。冷开胃菜除了腌渍橄榄,另一道是台湾常见的家常小菜 —— 凉拌萝卜,改以添加新鲜柳橙汁腌渍,爽脆萝卜香气交揉着浓郁果香,味蕾感受着小惊喜。

芫荽籽
Coriander

材✔料

樱桃萝卜	150～200克
米醋	1～1.5小匙
辣椒(辣椒粉)	1/4小匙
盐	1.5～2大匙
黑胡椒	适量
砂糖	1小匙
柳橙汁	0.5～1颗
芫荽籽(芫荽叶)	适量

做✔法

1 樱桃萝卜切薄片,以盐抓揉后压出水分(10～15分钟),尽量压出水分。

2 加入其他调味料及香草,拌匀至少静置30分钟以上,风味更佳。

✏ 小笔记

新鲜樱桃萝卜较不常见,也可用白萝卜去皮切薄片取代。

甜罗勒烤番茄

　　这道前菜，并未在旅行摩洛哥的餐桌上遇见。但它是餐会餐桌上的常客，也是旧学员们的口袋菜单，只因简单美味变化多，可单食或铺在面包上，夹成三明治内馅，也可包入美式蛋卷里，跟意大利面拌炒成食。所以遇上小番茄盛产时，我会烤上一大盘，放入保鲜盒冷藏保存。满足一周的早、午餐，也省下不少料理时间。

　　这款颇具色相的小食，放在摩洛哥买回的迷你陶瓷塔吉小钵里，非常"吸睛"。散置数个于餐桌上，散发着浓浓的北非风情。但容量其小无比，两三口便已食罄。于是换上另一款摩洛哥带回的多彩瓷盘，大伙直呼好美啊！这景况，我在挑选的那刻，仿佛就已预见。

甜罗勒
Sweet Basil

材料	
小番茄	2盒
甜罗勒	1小把
蒜片	4~6颗
橄榄油	3~4大匙
盐	适量
黑胡椒	适量

做法

1. 小番茄切半放入烤盘中，均匀地撒上其余调味料和香草。

2. 放入烤箱，用180℃烤30~40分钟（中途稍翻拌）即可。

 小笔记

冷却后稍静置风味更佳。表面用橄榄油封住，干燥餐具挖取，可保存一个月左右。

百里香烤冬瓜块

　　这道由冬瓜、百里香与嫩姜组合的小菜，刚出炉热乎乎上桌，总引起学员们的好奇心。在台湾，最常见的冬瓜料理，不外乎煮汤或酱油炖煮。这道菜的发想是在市场寻逛时，看见了坐在路旁的阿婆菜贩摊位上那模样奇巧，不似常见的硕大冬瓜外形的冬瓜，心里便有了这道料理的大略想法浮现。

　　百里香可以用整个枝条，香气更浓郁，烤好的冬瓜，中心仍略带有微硬口感，是我个人最喜欢的。出炉后，挑掉百里香梗，再加入新鲜百里香叶。冬瓜、嫩姜与百里香的组合，让大家直呼奇妙。

百里香
Thyme

材✔料

冬瓜	1块
洋葱	1/2颗
嫩姜	1小块
百里香	4~5枝
橄榄油	适量
盐	适量
黑胡椒	适量

做✔法

1　将冬瓜与洋葱切成约半个拇指般块状，嫩姜切丝，加入调味料及香草拌匀。
2　放入烤箱，以180℃烤20分钟即完成。

香料蔬菜汤

　　那日行走于马拉喀什（Marrakesh）古都的市集里，一道斜阳映照于一篓篓的香料上，顾摊男孩的微笑脸庞也沾染着些许金光，那一幕成为我在摩洛哥南方古都的旅行印记。回来之后，偶尔站在面对后花园的那扇窗前，手里边捣制香料，心总飘向那具神秘色彩的香料市集，那被迷离金光包围的香料男孩。

　　摩洛哥旅行回来后，回神时间过久。于是接连数场的北非餐桌料理餐会，就在很紧凑的节奏中进行着，几乎在一周的时间内，每隔一天一场。预期中的生理疲惫，似乎比想象中来得轻缓。我想这或许也跟来参加的朋友们有关。**每一场餐会，因为来者不同，在短短的六小时内，彼此无论初识或已熟稔，总会互相交织撞击出一股独特氛围，我喜欢在大家离开之后，独自喝着瓶里余下的酒，慢慢进行清理工作，让自己继续跟这份氛围独处。**

　　犹记某一场，坐在餐桌主人座这端的我，看着你们捧着汤碗，微笑点头品尝着香料浓汤。你们的每一份惊叹与赞美，都与香料市集的回忆一并被妥帖收藏着。

月桂叶
Bay

材料

洋葱	2颗	黄油	适量
番茄	4颗	橄榄油	适量
胡萝卜	1根	月桂叶	2片
芹菜	1小把	姜黄粉	1小匙
南瓜	1/4颗	芫荽粉	1小匙
圆白菜	1/4颗	黑胡椒	1小匙
综合扁豆	100~150克	盐	适量
小米	100克		

做法

1　将洋葱、番茄、胡萝卜、芹菜、南瓜、圆白菜切小块备用。
2　用黄油和橄榄油热锅，放入做法1的蔬菜炒香，接着加入综合扁豆和小米稍拌炒。
3　倒入八分满的水，待水开加入月桂叶、姜黄粉、芫荽粉、黑胡椒及盐调味，用中小火炖煮约30分钟即完成。

小笔记

完成后的汤品，搅打成浓稠状，可另成香料蔬菜浓汤；或者再浓稠些，可成香料蔬菜拌面酱。

蔬菜塔吉锅佐北非小米

塔吉锅（Tagine）几乎与摩洛哥画上等号，这是一种无水的料理手法，其特殊造型的锅具，就称为塔吉锅。旅行期间虽也数度起念，想带塔吉锅回家，但几经思考，最终还是带回迷你塔吉以及具有当地色彩的陶盘。为数场北非料理餐会，增添摩洛哥风情。而桌上餐食少不了蔬菜塔吉佐北非小米。

旅行途中最令我难忘的塔吉锅，是从撒哈拉沙漠往马拉喀什（Marrakesh）的途中，停留于瓦尔扎扎特（Quarzazate）一家餐厅。那天风和日丽，餐厅的淡赭红色泥墙四周，种植着各种绿植花草。这般晴好的天气，我们选择坐在比邻泳池的户外用餐区。餐厅的服务人员，个个活泼逗趣，上菜时惹得众人频频笑场。是因为当天的用餐气氛吗？那真是我在摩洛哥旅行期间，吃到最好吃的一餐了。原陶色的塔吉锅里，各色蔬菜冒着热气，引人垂涎三尺，其中的杏桃，为汤底增添一股甜美滋味；再拌着北非小米或蘸食大圆面包，都令人吃得无法停止！

北非主题料理餐会，以蔬菜塔吉锅搭配北非小米食用。除了芫荽、孜然，也添加了姜黄，将一整锅料理晕染得澄黄香暖。除常见蔬果以外，也搭配苹果、无花果干以及摩洛哥带回的椰枣干一同煨煮。起锅前数分钟，再加入西洋梨，保留清脆口感。20～30分钟，一锅充满各式时蔬精华的塔吉锅就完成了！虽然少了杏桃，但苹果、西洋梨以及两款果干，完全释放其天然甜味，并与香料融合出迷人风味。

姜黄
Turmeric

材料

北非小米	100～150克	西洋梨	1颗
盐	适量	苹果	1颗
姜黄粉	适量	橄榄	适量
香草油（橄榄油）	适量	干无花果	5～6个
甜椒	1颗	椰枣	5～6个
杏鲍菇	1条	原生百里香	8～10枝
洋葱	1颗	姜黄	1/2匙
马铃薯	2颗	芫荽籽	1/2匙
胡萝卜	1条	孜然籽	1/2匙
四季豆	1小把	黑胡椒	1/2匙
番茄	2颗		

做法

1 将北非小米用两倍的热开水盖过，北非小米会很快地吸收水分并膨胀，再加入盐、姜黄粉和香草油拌匀，呈锥状铺在陶盘上备用。

2 甜椒和杏鲍菇切片；洋葱、马铃薯、胡萝卜、四季豆、番茄、西洋梨、苹果、橄榄、干无花果、椰枣切成块状备用。

3 甜椒和杏鲍菇淋上橄榄油，放入烤箱烘烤后，铺在做法1上。

4 热锅放入做法2炒香，倒入盖过食材的水，并加入百里香、姜黄、芫荽、孜然和黑胡椒拌匀，炖煮至熟透，即可搭配北非小米享用。

摩洛哥薄荷茶

　　一张旅行的照片，勾起我的回忆。早晨，走在某座小城巷弄中，商店门口站着一名包着头纱的女子，正与一位双手拿着薄荷和面包的男子话家常。接着迎面呼啸而来一辆摩托车，那男子一手抓着薄荷一手加着油门，薄荷茶真是摩洛哥人生活中最不可或缺的"开水"。

　　某天途中，我与同团友伴分开走。独坐于城墙边际的露天咖啡馆里，男子拿来一壶茶，玻璃杯里塞入约半杯新鲜薄荷，接着高高举起茶壶，热热的茶水冲击着叶片，一股清凉气息瞬间溢满鼻腔。捧着微甜清凉的薄荷茶，一口口啜饮着。无人高台上，绰约光影里，微笑融入氤氲热气，将蔓延成未来的记忆余韵。

　　在旅人好奇的眼中，他们过着寻常日子。对他们而言，生活！从来都不是一件困难的事，所以他们需要一杯薄荷茶（Mint Tea）；生活！也从来都不是一件简单的事，所以他们更需要一杯接着一杯的薄荷茶（Mint Tea）。**回头想想，我们不也是如此吗？不管生活悲喜，总是在一杯茶或咖啡，一顿餐食之后，转身继续生活着。**

薄荷
Mint

材／料

红茶（或绿茶）	2克
糖块	1个（或1/2匙砂糖）
新鲜薄荷	1枝

做／法

传统习惯，基底红绿茶皆可。将茶叶（包）放入锡壶中倒入热水，另备糖块及大量新鲜薄荷，可放入杯中，再冲入热茶，搅拌后饮用。

喜迎新年
主题派对

回首这些年，许多由北至南前来参加料理餐会的朋友，多数是通过脸书的分享而得知。也偶尔有脸书好友虽互动许久，却在餐会上首次相见。这种由虚拟跨进彼此真实生活的社交方式，在近几年十分常见，而朋友圈里，更有因此而成为小社群的形态，她们因兴趣相投结为好友。通常会有个灵魂人物，不定期聚会里，分享彼此的专长或户外郊游踏青活动，为彼此的生活，注入一股活力与意趣。

朋友圈里有一名为"随心窝"的社群，灵魂人物即是我因书写博客而相识十多年的好友（随心）。曾有两回，她带领窝里成员，以包场方式来参加餐会。一群人浩浩荡荡，有拉着行李从南

部辗转北上，也有居住北部的成员前来相会。六个小时里，暂时卸下日常角色扮演的主妇们，好似回到那单纯欢乐的内在女孩儿状态，此起彼落的欢笑，于杯觥交错里在空间回荡着。

这场面令我想起，法国存在主义作家，也是女权运动的先驱西蒙·波伏娃（Simone de Beauvoi），她曾说过的一段话："我们并非生而为女人，我们是成为了女人。"也有译文为"女人不是天生的，而是被塑造成的"。**于是每当我看着进入中年的女性，尤其是历经多重角色者，当她们享受着单纯成为自己时，那洋溢的喜乐！虽呈现在她们脸上，也深深印在我的心里。**

香草蔬果香松

　　忘了从哪一年开始，岁末的主题餐会开始以香草火锅为主角。我想大抵因为中国人的除夕围炉习惯，仍是喜欢餐桌上有一锅象征着丰盛圆满，食材汤底变化多端且老少咸宜的火锅。将汤底融入新鲜香草，并搭配不同的佐酱，虽是火锅但却与传统火锅有着极不同的色香味表现。

　　除了主角火锅，我也设计了几款适合过年的小食。沙拉，极少出现在中式除夕年夜饭的菜单中，但几乎以鱼肉海鲜为主的除夕餐桌，是非常适合搭配食用综合生菜沙拉的。以莴苣叶为容器来盛装，用大木盘摆盘，或者将莴苣叶堆叠，让家人自行舀放沙拉，也颇能增添过年团聚的意趣。

茴香
Fennel

材料

球生菜	3～4片	盐	适量
杏鲍菇	2～3条	黑胡椒	适量
豆薯	1/4个		
毛豆（或小黄瓜）	50克	**酸奶蛋黄酱**	
苹果	1/2颗	酸奶	2～3大匙
红石榴	1大匙	蛋黄酱	2大匙
玉米粒	30克	黄芥末酱	1大匙
坚果	适量	白葡萄酒醋	1匙
绿薄荷	3枝	盐	适量
茴香叶	2～3枝	黑胡椒	适量
橄榄油	适量		

做法

1. 球生菜洗净用冰水浸泡，保持清脆口感。
2. 将酸奶蛋黄酱的材料放入碗中搅拌均匀，完成酱汁。
3. 杏鲍菇切丁，煎熟至焦香；豆薯切丁，用盐抓揉，静置5分钟后，再用冷水冲洗；毛豆粒汆烫；苹果切丁；红石榴取籽。
4. 将做法3和玉米粒，用适量橄榄油、盐及黑胡椒拌匀。
5. 放入球生菜中，最后加上坚果和新鲜香草，并以酱汁佐食即可。

酥炸番红花奶酪米丸子

　　近两年，因为学员的需求，于是也有了周末场次的料理餐会。犹记那天，是唯一的周末场次，不知是否为周末的关系，我心里的节奏也缓慢下来。难得有空当可以拿起相机，捕捉许多料理花絮。看着大家围倚中岛，嘴边说笑着、掌心边揉捏着圆滚可爱的米丸子，那氛围好似也沾染了几许周末独有的愉快心情。在餐桌暖黄灯光映照下，锅中轻烟冉冉上升，整个空间弥漫着淡雅的香草气息。把屋子烘托得更为幸福温暖，窗外的冷冽，好似远在另一个世界。

　　每场餐会在最后一道甜点品尝之际，便会开始跟大家聊聊，关于今天的香草料理餐会。有哪道料理或者哪个环节，带给大家特别的感受。有时分享主题会绕着餐食，有时则会朝向空间及料理氛围给人的感受。忘了是何年何月的某场餐会，两位首次参加的学员，一位分享说，**参加这场香草料理餐会，像是品尝了一道心灵鸡汤。另一位则说，每一道餐食，吃进时身心都温热了起来，很有能量的香草蔬食。你们的分享，似这场周末餐会般，令我特别难忘并倍感温暖。**

番红花
Saffron

材料

番红花	1/4小匙
糙米	1米杯
藜麦	1/6米杯
马铃薯	1颗
盐	适量
黑胡椒	适量
辣椒奶酪丁	10～15个
迷迭香	3枝
百里香	3枝
低筋面粉	适量
全蛋	2颗
面包粉	适量

做法

1 将番红花、糙米和藜麦放入电锅中煮熟。

2 马铃薯蒸熟捣泥，用盐和黑胡椒调味备用。

3 将做法1、做法2、迷迭香和百里香拌匀，用手捏成小球状，中间包入辣椒奶酪丁。

4 依序粘裹面粉、蛋液、面包粉后，入油锅炸至金黄色即完成。

烤香草时蔬大元宝

　　2014年的岁末餐会来临前夕，突然有了写祝福卡片送给大家的想法。临睡前静坐片刻，在一张张旅行拍回照片所印制的明信片上，一字字写上我当下心里浮现的文字。隔天餐会结束前，让大家随机抽取。然而说来也很巧妙，每场餐会，都会有几位在抽到明信片读完文字后，点头说道，这文字好呼应我最近的心情；或见微笑沉思细细咀嚼文字者。于是祝福明信片，成了每年岁末餐会的结束仪式。

　　某场餐会上，好久不见的你出现了。不知是否因为头发变长，微笑起来多了份圆柔气息，也散发着独特光彩。在最后分享时刻，当你拿到祝福卡片时，缓缓说着，自己第一次收到的岁末祝福卡片，至今仍贴在房间门后，每天进出都会与文字打照面。**而那段文字，也恰巧地在那段人生转弯处，给予你力量。忘了那一刻，我对你说了些什么，但此刻，我深深地感恩，感恩自己能有如此能力，去给予去付出，适时适地带给别人需要的力量。**回想2014年的餐会前夕，那突如其来想写祝福卡片的念头，好似是一股无形的力量促我行动。

　　发想并试做时蔬大元宝的那天，我忽然又有了在里面塞入祝福字条的想法。但我想得先找到可食用元素，才能进行。想着想着，那一张张咬食间的惊喜脸庞，浮现眼前。

迷迭香
Rosemary

材料

面团

高筋面粉	250克
全蛋	1颗
冷水	80～100毫升

内馅一

南瓜	1/2颗
肉桂粉	1～2匙
鲜奶	1～2大匙

内馅二

菜花	1/2颗
马铃薯	1～2颗
番茄	1颗
迷迭香	3～4枝
马告粉	1/2匙
奶酪	适量
橄榄油	适量
盐	适量
黑胡椒	适量

做法

1. 面粉、全蛋与水和成团（过程中若觉得太干，可再视状况加水），揉约10分钟，至表面光滑；置于容器中，醒约20分钟。

2. 面团取出后，切割成小团，用制面机擀成片状备用。

3. 将南瓜去皮切片；放入烤箱，用180℃烤20分钟后，取出压泥，再加入鲜奶及肉桂粉拌成泥状。

4. 马铃薯切块蒸熟捣泥；菜花及番茄切小段块备用。

5. 菜花和番茄用橄榄油、盐、黑胡椒及马告粉拌匀；放入烤箱，用180℃烤20分钟；取出稍放凉用调理机搅碎后，与马铃薯泥、现刨奶酪和迷迭香拌匀备用。

6. 将面片切成圆弧状，分别将内馅包入，边缘涂抹蛋液，再捏成花边。

7. 在元宝表面划几刀，并涂上蛋液；放入烤箱，用200℃烤20～30分钟即完成。

香草洋葱火锅

　　因为香草料理餐会，已经好多年没过生日的我，一开始跟几位固定班底的摩羯座学员一起庆生，隔年岁末，接二连三的餐会，大家准备了惊喜蛋糕，为我庆生，每一回眼底都泛着感动的泪光。某一场有位美女烘焙师学员，听闻当天是我的生日，立刻现场烤了一个红茶戚风蛋糕，顺便现场教学，那是一款风味清新，吃在嘴里甜在心底的生日蛋糕。

　　还有那一推门，即令我惊喜的大把玫瑰花束，是因餐会结为好友的朋友们送来的，谢谢你们的用心。那几日，走动时眼光总流连于玫瑰花上，一股幸福感油然而生。向来喜欢低调的我，从一开始有点不太习惯庆生气氛，直至最后才发现，原来大方自在地接受祝福，是如此喜悦开心的事。接受祝福能感受到一股爱的流动。接受与付出爱，令人同等欢喜。

　　至此，每逢岁末的香草火锅主题餐会，也洋溢着庆生会的欢乐气氛。大餐桌映照着暖黄灯光，两只火锅里袅袅升起白烟，大家时而品尝谈笑；时而举杯大声笑说着："生日快乐！生日快乐！"。我们不只庆祝当月寿星，也祝福在座每一位"有生之日，皆快乐"。

莳萝
Dill

材料

圆白菜	1颗	莳萝	1小把
洋葱	2颗	豆腐	1大块
菜花	1颗	冻豆腐	适量
玉米	1~2条	豆皮	适量
玉米笋	1~2盒	盐	适量
金针菇	1包		

做法

1　将洋葱与圆白菜切大块，放入汤锅中，加入约八分满水量，用中小火熬煮约30分钟，用盐调味后，即为蔬菜高汤。

2　其余食材洗净，切为适量大小备用。莳萝切段，用豆皮卷起成手作火锅料备用。

3　将所有食材，依喜好分次分量加入火锅中，慢慢搭配酱料享用。（各式自制火锅料做法，详见326页。）

综合香草束椒麻酱

　　这款椒麻酱是一位学员分享的食谱，后来试着加入综合干燥香草，与更多餐会学员分享，发现大家都很喜欢，于是就成为岁末餐会的伴手小礼，很适合拿来制作火锅蘸酱。这几年的香草料理餐会，认识了许多领域的人，教学相长收获了许多。

　　这位分享椒麻酱的学员，也曾将我拍下的托斯卡纳风景，运用刺绣手法制成风景画，并公开展出。真喜欢这样的交流，从料理餐会扩展至彼此生活里。

材料

花椒粉	1大匙	油（植物油皆可）	200 ~ 250毫升
黑胡椒粉	2大匙	葱	1根
辣椒粉	3大匙	高温杀菌玻璃瓶	1只
综合干燥香草	1/2匙		

做法

1　冷锅倒入油，用中火加热两分钟后加入葱段，加热到葱段呈焦黄色时就熄火；不要让葱段变黑，否则会有苦味，将葱段捞起，油放凉。
2　将花椒粉、黑胡椒粉、辣椒粉及干燥香草，加入玻璃瓶内，装约半瓶，预留装油的空间。
3　将葱油倒入玻璃瓶中，用筷子搅拌让油均匀渗入即完成。

小笔记
辛香料可用市售粉末状的。但若采用原粒再自行研磨过筛，香气会更浓郁。

欢庆岁末
香草火锅

全心投注书写此书时，时序正进入2017年的岁末，餐会热闹欢愉的缝隙间，翻读着过往餐会的图文记录，一颗心也欢腾着。2013年春天开始的香草料理餐会，至今已迈入第五年了。2018年春天，书写进入尾声，也是在餐会热闹欢愉的缝隙里进行。

这短短的五年里，不时收到许多感动人的回馈。有些是当天结束前的即刻分享，有些是写于脸书的分享里。虽然起点是以香草料理餐会之名相聚，但渐渐地却从中发现，扩展的维度已包含生活更多层面，空间布置及选物；好听的音乐与好书；更有相偕出游成为好友的学员。

这是当初的自己始料未及的，欣然走至此境，十分感谢来到身边的一切。谢谢香草；谢谢你们；也谢谢我自己。

美丽健康蔬果奶酪沙拉

这道前菜沙拉的名字，是不是很直白呢？但我的确找不到更贴切的形容词了。甜菜根的营养成分，越来越受认同与欢迎。但大部分仍是以生鲜的形式融入沙拉或打成果汁品饮。发想菜单时，试着加入新鲜香草或干燥香料，酌量基础调味再高温烘烤。烤好的甜菜根切片，温热品尝甜味尽现，也少了生食的那份土味儿。

甜菜根尽量挑选拳头般大小，如此一来，对切后烘烤时间比较一致，最后可用小叉子穿刺测试烘烤程度。中心保留点硬度，口感较佳。

非常幸运，这次的甜菜根除了常见的品种，还多了糖果及黄金两款品种。糖果红白相间，黄金似胡萝卜色泽，三款搭配不论视觉或味觉，都有加乘效果。真开心离家不远处，就有一位爱好栽种各色奇蔬异果的朋友。

关于这道前菜的摆盘，每场都会有独特的诠释。我很喜欢其中一场，有位首次参加的朋友，将白色欧芝挞奶酪以"降雪"的概念，星空般覆缀于食材之上。使人在尚未品尝之前，多了份想象。这道前菜，几乎每一场餐会都深受好评，有人直呼开胃了，我们赶快继续料理下一道菜去吧！也有好几位说，烘烤后的甜菜根比生食更多了份美味。更有几位是生平首次品尝甜菜根，便很幸运地拥有美好印象。这次的前菜"美丽健康蔬果奶酪沙拉"完胜！

茴香
Fennel

材料

甜菜根（紫）	1颗	柳橙	2颗
甜菜根（黄）	1颗	综合香草	适量
甜菜根（白）	1颗	（薄荷、茴香、香芹、金莲花及香堇菜等）	
橄榄油	适量	欧芝挞奶酪	适量
迷迭香	适量	沙拉酱汁	
奥勒冈	适量	柠檬油与白葡萄酒醋	3∶1
盐	适量	黑胡椒	适量
黑胡椒	适量	盐	适量

做法

1 甜菜根对切放入烘焙纸中，淋上些许橄榄油，加入迷迭香及奥勒冈、盐及黑胡椒粒；放入烤箱用200℃烤30~40分钟，切薄片备用。

2 沙拉酱汁的材料放入碗中，搅拌均匀备用。

3 柳橙与甜菜根片交叠摆盘，搭配综合香草（薄荷、茴香、香芹、金莲花及香堇菜）及欧芝挞奶酪，酌量淋上酱汁即完成。

芋头米粒比萨

　　岁末香草餐会的最终场次，遇上了这个冬季最强烈的寒流。周末早晨，按照餐会作息，早起梳洗，燃起一炷藏香，听一段静心音乐，缓缓地，替自己手冲一杯咖啡，烤热一片面包。食毕，整理角落花草，点燃几盏烛光，并将玄关处的熏香座添满了水，滴上柑橘类精油，慢慢处理食材，音乐伴着我，静待大家的来临。

　　如此冷冽的气候，想着大家一早起床，搭上各种交通工具，来到这里，那份心意令我感动万分。所以，希望推门瞬间，眼下的缤纷花朵及扑鼻馨香，能令她们的身心顿时感到温暖与放松。

　　每逢冬日餐会，我总会发想些适合这个季节的餐食，像是这道米粒比萨。将米饭擀平代替面皮，铺上台湾常见的芋头及莲藕，撒上现刨奶酪入烤箱焗烤至表面呈金黄，再撒上香芹或香菜。出炉上桌分盘后，一片静悄无声。忽然你走到正弯身专注盯着烤炉的我身边，说道："这米粒比萨会不会太疗愈啦！我几乎要转起圈来了。"

　　隔夜饭除了拿来炒饭，米粒比萨也是一个美味的变化选项。除了五谷米，我也加入了口感软糯的黑米，某场餐会更是即兴地加入了麦片。基底的米饼皮可多方尝试家里现有的材料，如坚果或种子（芝麻、亚麻籽等）。上方铺放食材，除了烘烤易出水的较不适合，其余皆可一试。最后几场，我们在烤箱最后3～5分钟时，直接在表面打上几颗蛋，错落撒上小叶生菜，顿时又摇身一变，质感大为加分。

香芹
Parsley

材 料

五谷饭	2碗
全蛋	1颗
综合香料	适量
盐	适量
黑胡椒	适量
黄节瓜	适量
绿节瓜	适量
菊芋	适量
焗烤奶酪丝	适量
香菜（或香芹）	适量

做 法

1. 五谷饭与全蛋加入适量综合香料、盐及现磨黑胡椒粉拌匀，铺放在烘焙纸上，再盖上一张烘焙纸，用擀面棍擀平，厚度0.2～0.3厘米。
2. 黄绿节瓜、菊芋切片备用。
3. 米粒比萨底部先铺上适量奶酪丝，接着放上蔬菜，用盐和黑胡椒调味，再铺放一层奶酪丝。
4. 放入烤箱，用180℃烤10分钟后，最后改用上火再烤6～8分钟，让边缘呈现锅巴口感，取出搭配香菜（或香芹）食用。

小笔记

餐会时，是以台湾特色芋头及莲藕，先炒或烫过再铺放于米粒比萨上焗烤，成品风味十分独特，值得一试。

香草束海带火锅佐胡麻酱

　　自从去年几位学员跟我说，每年都很期待岁末的香草火锅餐会时，我便会早早开始发想，该用什么火锅汤底搭配适合的佐酱。但每年总少不了用新鲜香草束熬煮的经典香草火锅。而这回稍做变化，将一小块海带加入，让汤底那股清新的香草气息，融入些许海潮般的鲜味。

香芹
Parsley

材料

海带	1小块	胡麻酱	
洋葱	1~2颗	白芝麻粉（粒）	50克
胡萝卜	1~2条	花生粉（粒）	50克
盐	适量	橄榄油	7~8大匙
水	2000~3000毫升	麻油	3~6大匙
		米醋	2大匙
香草束		砂糖	1/2小匙
柠檬香茅	2枝	酱油（膏）	1匙
鼠尾草	2枝	冷水	100~150毫升
百里香	2枝		
迷迭香	2枝	火锅底料	
月桂叶	2枝	圆白菜（白菜）	1颗
奥勒冈	2枝	叶菜类	1~2把
香芹	2枝	新鲜菇类	适量
		玉米	1~2根
		豆类制品	适量

做法

1 香草分别洗净后，捆扎成束备用。

2 将胡麻酱的材料放入调理机中搅打均匀，完成胡麻酱。

3 将海带、洋葱和胡萝卜切块，和香草束放进水里炖煮30分钟，加入盐调味，完成香草高汤，即可放入火锅底料煮熟享用，并搭配胡麻酱。

> **小笔记**
>
> 香草束可多备一束，若觉得汤底香气不足，可随时添换。

月桂南瓜番茄火锅佐
和风李子酱

　　月桂南瓜番茄锅底的食材先高温烘烤再搅打成泥，加入适量水分制成。用烘烤过的蔬果制成的汤底，多了一份淡淡的熏烤气息。当然用蒸（水）煮更为方便，也更显原味，可视个人的喜好调整，就像番茄略带酸味，也可改用胡萝卜增加甜味。食谱没有标准做法，一切都可弹性调整。

月桂叶
Bay

材 料

		和风李子酱		火锅底料	
洋葱	1颗				
南瓜	1颗	米醋	3大匙	圆白菜（白菜）	1颗
（比手掌大一些）		淡酱油	3大匙	叶菜类	1~2把
番茄	3颗	橄榄油	6大匙	新鲜菇类	适量
月桂叶	2~3片	李子（果）酱	1.5大匙	玉米	1~2根
橄榄油	适量	黑胡椒	适量	豆类制品	适量
盐	适量				
胡椒粒	适量				

做法

1 将洋葱、南瓜及番茄切块，加入月桂叶及适量橄榄油、盐及黑胡椒；放入烤箱，用200℃烤20分钟。

2 将和风李子酱的材料放入碗中搅拌均匀，完成和风李子酱。

3 取出做法1，加入适量冷水打成稍稠状，加入2～3倍的冷水炖煮，完成锅底；即可放入火锅底料煮熟享用，并搭配和风李子酱。

三款手工火锅料——
香草奶酪小福袋、如意结、蔬福卷

　　分享三款手作火锅料。"香草奶酪小福袋"用包寿司的小口袋豆皮，里面放入辣椒奶酪块、蒸至半熟的新鲜栗子以及莳萝叶，袋口以蒲瓜条（香草枝条）绑紧。放入锅里煮约三分钟，让里面的奶酪呈半融化的状态，最是美味。

　　"如意结"则唤起许多人的童年回忆，也有半数学员是第一次尝试。每一场，看着大家倚站中岛分工合作，或制作火锅料或洗切蔬果，最后将食材摆在大木盘上。虽说，火锅料一会儿便要下锅了，但大家仍发挥创意与美感，一盘盘餐食赏心悦目极了。其中一场最令人印象深刻，木盘里的柳松菇与金莲花叶站立着，缀上花草仿佛一座餐桌上的小森林。

　　"蔬福卷"则是用豆皮卷起蔬菜及香草，做法虽简单，却能品尝豆香糅合香草的清新风味。但莫忘慎选豆皮的来源，新鲜豆皮不耐久放，必须冷藏或冷冻保存，常温售卖形态易有异味。

　　这三款手工火锅料，增添了香草主题火锅的丰富性与多样化。

莳萝
Dill

材／料

香草奶酪小福袋

寿司豆皮	10片
奶酪块	10小块（1厘米见方）
新鲜栗子	10个
柠檬香茅	2～3枝

如意结

胡萝卜	100克
酸菜（或笋子）	100克
莳萝	3～4枝
柠檬香茅	2～3枝

蔬福卷

豆皮	5片
胡萝卜	50克
杏鲍菇	1～2条
莳萝	2～3枝
迷迭香粗茎	10枝（2～3厘米）

做／法

1　香草奶酪小福袋：寿司豆皮里放入奶酪块及新鲜栗子（先蒸半熟），用香茅枝条绑束。

2　如意结：将胡萝卜、酸菜（或笋子）、莳萝，用香草枝条打结。

3　蔬福卷：将豆皮摊开，胡萝卜、杏鲍菇、莳萝放入卷起，用迷迭香粗茎系紧。

马郁兰柳橙蛋糕

　　这款蛋糕口感似磅蛋糕，风味与外形的变化挺多。原则上柑橘及莓果类果酱都很适合加入，各种大小烘焙模型也能做些视觉上的变化。贴面的糖渍柳橙片，是我每逢盛产季节，最喜欢的柳橙保存方式。除了点缀于蛋糕上，也适合单独冲泡冷（热）水，或者加入酸奶里一起品尝。而融入的香草马郁兰，散发着优雅的花香调，很适合加入烘焙类的甜点里。

马郁兰
Marjoram

材 / 料

无盐黄油	160克
砂糖	100克
全蛋（常温）	4颗
鲜奶	40毫升
柳橙果酱	4大匙
低筋面粉	200克
无铝泡打粉	5克
马郁兰	2枝

糖渍柳橙片

柳橙	350～400克
砂糖	250克
水	150毫升

做 / 法

1. 将柳橙洗净成切0.5厘米厚度，放入开水中煮约5分钟取出，尽量去籽。

2. 将砂糖及水煮成糖水，放入柳橙片，用中火煮约10分钟，完成糖渍柳橙片。

3. 黄油回温后，与砂糖搅拌呈现泛白状；分次加入全蛋搅拌均匀，接着加入鲜奶及柳橙果酱。

4. 加入过筛后的低筋面粉、泡打粉及马郁兰，用刮刀搅拌均匀；接着倒入铺烘焙纸的烤模中，表面铺上糖渍柳橙片（稍压入蛋糕面糊里）。

5. 放入烤箱，用170℃烤35～40分钟。

6. 取出脱模后，表面可再刷上柳橙糖浆，放上新鲜马郁兰叶片即完成。

 小笔记

糖渍柳橙片放凉后，可用密封罐盛装保存。

香草的大小事

香草哪里买?

近几年购买香草植物已非常便利，北部有内湖花市、台北花卉村（社子）、大台北联合花市（北投）、台北花木市场（文山）等，花市里几乎都有专卖香草盆栽的店铺。随着网络的发达，香草盆栽也可以选择宅配到府。

之前曾向台中的"芫君香草"网购一次，不论盆栽的包装还是香草的说明，都十分详尽细心。若是居家环境不适合种植，那么目前在网络或进口超市也可买到盒装的新鲜香草。比起十多年前，现今买到新鲜香草可泡茶入料理的便利性，已不可同日而语。

如何挑选香草?

目前市面上的香草盆栽，七八成几乎都来自同一区苗圃。当然也有少部分，是园艺业者自行播种或扦插，照顾成长至稳定状态，再行售卖。苗圃培育的香草，由于经验丰富及肥料加持，大多枝繁叶茂卖相极佳。由于售卖环境及居家环境的各种差异性，建议买回家后，暂时不换盆，一来先看看放在哪个位置的生长状况较好，二来让香草也适应一下新环境，待1~2周后，再换上透气性高的陶盆。这其中的原理是，我觉得植物跟人一样是有生命及适应性的，就像人经历搬家，也是需要一段时间来适应，才能渐入佳境。

香草的种植技巧

香草跟人一样，是有生命的。所以香草所需的环境，不外乎阳光、空气、水、肥料（食物）。随着科技进步，种植的技术日新月益，近几年有心人士已研发室内种植的环境，以仿日光照射的原理，让香草可以在室内生长。但因个人喜好，我觉得即便光源足够，但香草应该仍是喜欢天然太阳光的照射，就像日照能促进人体的维生素D的吸收一般，偶尔在太阳下晒晒，是不是觉得全身都充满了能量呢?

阳光（日照）

香草对日照的需求很高，几乎都需要全日照（5~6个小时）的环境，除了夏天仅半日照即可。一般台湾都市里的居家环境，采光良好的阳台、花园及顶楼花园都适合种植。

空气（通风）

香草非常需要通风的环境，枝叶间的通风不好，很容易产生病虫害。另外，适当地修剪也能增加植株的通风性，尤其入夏前，很需要将香草好好修剪一番。若是地植，邻近的植物也要一并修剪，才能保持最佳的空气流通性。

水分

香草如何浇水，是有基本原则可供参考的，但仍需视不同季节及种类而有所调整。观察植株的土壤，可分为干、微干、湿、微湿，一般香草较喜欢偏干的土壤，宁可偏干也不要偏湿，长期偏湿易导致烂根。所以通常在土壤干至微干的状态，将水一次浇透，即水分要从底部排水孔流出，才代表整个土球都有吸收到水分。而习惯用底盘的朋友，浇完水要记得倒掉多余水分，不然很容易将根系泡在水里。另外，浇水时要特别注意，要将水直接浇到土壤里，尽量避免喷洒在叶片上。

浇水大概是初接触香草的朋友们，最头疼的问题。即便是同一种香草，种在不同人的家里，随着环境的日照与通风不同，也都有不同的对应方式。因此凡事皆需要经验累积，种植久了就会更清楚家里每种香草朋友的特性。

土壤

香草依属性不同，所适合的土壤特性也不同。例如耐寒性香草，如原生地中海沿岸的薰衣草、迷迭香等就适合沙质土壤；而耐暑性的，如柠檬香茅、罗勒、薄荷等，就适合黏质土壤。沙质土壤的排水性佳，通气度够，但保水度较差，而黏质土壤则相反。而目前市售的培养土，多有添加一些如蛭石、椰纤、发泡炼石等人工介质，以增加排水、保水及通气性。也有特别针对不同需求，例如播种（扦插）或一般的包装用土，若是盆植，可以直接依需求购买使用，而若地植，可以1∶1比例与田土拌匀使用。

施肥

这个问题常有朋友问我。虽然我也常常忘记施肥这件事，但不能否认香草跟人一样，除了基本的阳光、空气、水分，也是需要食物（营养补给品）。然而香草多数以食用为主，所以请施加有机肥。目前园艺材料店的选择很多，一般肥料包括氮、磷、钾三个部分，氮素会帮助叶片成长，磷素则促进开花结果，钾素则是强化根茎。大家可以参照包装上的说明，依据需求选择。

近几年自家堆肥也越来越常见，我则是买了一台堆肥机，用家里的蔬果厨余来制作肥料，既环保又方便。一般施肥可分为基肥与追肥，基肥是换盆时添加，一般常见直径15厘米左右的盆则添加五粒基（追）肥，花器每加3厘米左右则多加一粒基（追）肥。追肥则选择修剪（换季）时添加。记得添加在盆缘，再用土壤覆盖，避免肥料发霉易招染虫害。

修剪

将香草视为有机生命体为原则，修剪对香草而言，就好像人们必须适时地修正自己的行为与观念，才能更好地迈进。"有舍才有得"，老生常谈的一句话，听似简单，但往往执行最不易，而若真的开始去做，就能明白个中道理。

香草的修剪可分为几个部分，大多数香草不以观花为主，而集中在叶片的使用。所以举凡香草开花，就要尽快将花蕾（朵）摘除，避免养分耗弱。也要常摘芯（顶端嫩叶），这两种状况在一年生的紫苏、甜罗勒（九层塔）及甜菊等最为适用，若放任其开花，植株很快就会萎凋，除非是季末要收种子，就可任其开花结果。而常摘芯则可促进分枝，有助于植株生长更加茂盛。香草的修剪工作，几乎是常态性进行，春秋两季生长快速，宜多加修剪。入夏前要大量修剪，以保持最佳通风。但一次的修剪量，最多仍以不超过二分之一为主。

香草各部位的采收方式

花朵、茎叶

早晨等露水蒸发后再采集最佳。下雨天不采收，宜在晴朗且湿气较低时采收，状态最佳，能避免水伤及发霉。

花朵在含苞状态采收香气最浓，适合泡茶。若是要食用，则在盛开时采收。采收后若不立即食用，要用纸巾稍包裹，装入保鲜盒，再冷藏保存。采收叶片，建议从顶端往下一至两节芽点处剪下，此举也可促进发侧芽。.

种子

花谢后，种子开始变褐色时，即可采收。用手轻揉种子会掉落，利用滤网去除杂质，保留种子。或者于半熟状态下采收，放入纸袋于阴凉处催熟取其种子。

采收的种子可冷藏保存，待春、秋两季再行播种育苗。

香草的保存方式

风干完全的叶片，有如纸片般的质感。请用密封罐（袋）保存，若发现水气，则是风干不全，请取出再风干一至两天。一般常温可保存一年左右，冷藏可保存一年半左右。但因台湾较潮湿，建议可用市售花茶袋盛装，再放入保鲜盒置于冷藏室，这是最适合的保鲜方式。

以下方式，是针对居家小量采收保存。若是营业大量种植及采收，市售许多更快速方便的大型干燥机器可供使用。

瓶插法

修剪的香草，插入玻璃瓶中，摆放于厨房或室内任何角落，除了方便运用于料理或茶饮，也能为居家营造自然的生活美感。

冷藏法

用厨房纸巾包起来，再放入保鲜盒或密封袋中，可冷藏保存7～10天。

冷冻法

如上述冷藏方式，若改存放于冷冻库中，可保存2~3个月。将香草加些水，用研磨机打匀后，倒入制冰盒中，即成为香草高汤块，可保存2~3个月。

自然风干法

香草漂洗后尽量甩干水分，平铺在竹筛上，置放于阴凉通风处，使其自然风干。干燥时间视气候及空间湿度而略有差异，一般5~14天即可完全干燥。台湾较潮湿，可在空间中搭配除湿机有助于干燥。冬日连续湿雨，不建议自然风干。

吊挂风干法

将每3~5株香草，用橡皮筋绑起，吊挂于太阳不直射的通风处，待干燥完全后，取叶片（整株）置于密封罐（袋）内，保留叶片的完整，香气更持久。使用时，再取出叶片压碎即可。

烘茶机、食材风干机

视叶片厚度，30~70℃烘烤1~2个小时。

其他干燥法

用除湿机在室内烘干。

常见干燥香料

番红花
Saffron

鸢尾科番红花属，多年生球根。
使用部位：花蕊柱头

✓ 特性

著名的番红花香料，则是来自花朵中的三根红色雌蕊。由于每朵花只有三根柱头，且必须人工采收干燥，后续加工做法繁复费时，因此价格相当高昂。原生于地中海沿岸，目前以伊朗为最大的出产地。依颜色深浅区分为不同等级，目前市售价格也颇为混乱，建议从有信誉的进口香草商（店铺）购买。

✓ 使用方法

《本草纲目》记载，番红花具有活血、补血、去瘀，同时具有通经、促进子宫收缩等作用，所以孕妇避免过量食用。番红花也具有镇静、舒郁安神的功效。在料理的运用上，最经典的莫过于西班牙炖饭，少量番红花浸泡于水中，就会释放金黄色泽，并散发其独特鲜明的气息。除了料理，也可以酌量冲泡成茶水饮用，是一款很棒的染色香料。

✓ 保存方式

干燥冷藏保存。

✓ 料理好伙伴

米麦类、根茎类蔬菜。

芫荽籽
Coriander

别名: 香菜籽
伞形科芫荽属，一二年生草本。
使用部位: 种子

✔ 特性

芫荽籽就是常见的香菜的种子。初春会开出白色伞形花朵，花谢后结出青绿色果实，香气仍偏向新鲜香菜的辛呛味，但随着果实成熟，香气会逐渐转化为略带柑橘的清新味道。据说，芫荽籽是人类史上最早使用的香料，是由波斯（伊朗）引进印度及东南亚。而随着气候因素及品种演化，每个产区的芫荽籽在外形及香气上都略有差异。

✔ 使用方法

具有抗菌、帮助消化及舒缓腹痛的功效。腌渍或炖煮使用时，可用捣钵将种子捣破，释放香气，也可与甜菊冲泡成香料茶。与孜然搭配一起研磨成粉末，会出现深沉馥郁的香调，不论用于烘烤或用于调味沙拉，都有很棒的风味。

✔ 保存方式

干燥阴凉处，以密封罐保存可长达一年。使用时再捣破或磨粉。

✔ 料理好伙伴

米麦类、根茎蔬菜、菇类。

小豆蔻
Cardamon

别名：绿豆蔻
姜科小豆蔻属，多年生草本。
使用部位：豆荚、种子

✓ 特性

　　小豆蔻是一款拥有悠久历史且具有药用价值的香料，其英文名Cardamon源于阿拉伯语，字根含义有"变暖"之意。由于种植环境条件需求多，且后续采收风干过程繁复，价格仅次于香草兰（香草Vanilla）及番红花。有"香料皇后"的封号。原产于印度及斯里兰卡，随着时代演进，也传到欧洲、北非及亚洲。20世纪初危地马拉成为世界主要种植及出产地。豆荚表面呈青绿色没有香气，随着保存环境不同，颜色会变淡。每颗豆荚有16～20颗细小种子，糅合柑橘与姜的气味，香甜浓郁却略带刺激气息，可广泛运用于各式料理中。

✓ 使用方法

　　具有抗菌、帮助消化、健胃、缓和支气管发炎及清新口气的功效。西亚至北非地区等国，最爱将小豆蔻添加在茶饮或咖啡中。而在原产地印度，除了加入奶茶或甜点，人们也喜欢在饭后咀嚼小豆蔻，以去除口腔杂味增加芳香。在传统印度咖喱中，也是其必备香料之一。东南亚如泰国、印度尼西亚及马来西亚等，会将小豆蔻酌量融入咖喱菜肴中。

✓ 保存方式

　　干燥阴凉处，密封罐保存一年。使用时再捣破或磨粉。

✓ 料理好伙伴

　　米麦类、根茎蔬菜、烘焙类甜点。

肉豆蔻
Nutmeg

别名: 肉果
肉豆蔻科肉豆蔻属，常绿乔木植物。
使用部位: 果皮、核仁

✔ 特性

　　肉豆蔻取自大型乔木的成熟种仁，果实成熟后会裂开，露出包裹于核仁外层的红色皮膜，晒干呈橘红色的是可食用的肉豆蔻皮，内里即为核仁，晒干即为肉豆蔻。原生于印度尼西亚马鲁古群岛，15世纪初由葡萄牙商队带到欧洲，为了抬高价格，将肉豆蔻赋予神秘的东方故事色彩，后广泛运用于南欧各国。目前在中国云南、台湾以及马来西亚都有种植。果皮及核仁有综合胡椒及丁香的强烈气息，而肉豆蔻干皮则略为柔和。

✔ 使用方法

　　肉豆蔻含有肉豆蔻醚，过量食用有致幻及兴奋效果，请酌量使用。具有抗菌、缓和发炎、健胃祛风等功效。法式经典白酱里就添加了肉豆蔻粉，肉豆蔻粉也是咖喱中不可或缺的香料之一。与米食及面粉类再制品结合，都有助于风味升级，并适合酌量添加于甜点糕饼、布丁果酱里，也是印度香料奶茶的基底香料。

✔ 保存方式

　　干燥阴凉处，密封罐保存一年。使用时再捣破或用刨刀现磨。

✔ 料理好伙伴

　　米麦类、根茎蔬菜、鲜奶、鸡蛋、水果。

孜然
Cumin

别名：安息茴香
伞形科孜然芹属，一二年生草本植物。
使用部位：种子

✔ 特性

　　孜然来自于一二年生草本植物的伞形花序上。追溯其历史，源于公元前两千年的古埃及，除了当香料使用，也是天然防腐剂。最早食用记录为北非及西亚等地，而后传递至印度、阿拉伯及中国等地。而在中国又以新疆最为知名，几乎与新疆画上等号。种子与其他伞花科相似，但细看其外形略带条纹，比茴香小一些，颜色也深一点，又比葛缕子大一些，颜色浅一些。具有一股强烈的青草气息，微带苦味。

✔ 使用方法

　　具有抗菌防腐、提振食欲、帮助消化及暖胃驱寒等功效。烹调前，可用热油稍加热，让香气充分释放。它是中东或印度咖喱的主要香料，常见混于面团中，制作成印度烤饼或馕饼。也适合用于腌渍类的小菜浸泡基底。

✔ 保存方式

　　干燥阴凉处，密封罐保存一年。使用时再磨碎。

✔ 料理好伙伴

　　米麦类、根茎蔬菜、菇类。

桂皮
Cinnamon

别名： 肉桂
樟科樟属，乔木。
使用部位： 树皮

✔ 特性

桂皮是一种樟科植物的干燥树皮，品种繁多，香气略有差异。较常见有中国肉桂（Cassia）及斯里兰卡肉桂（Cinnamon），在中国台湾也有土肉桂、山肉桂等数款品种。此外，印度、印度尼西亚、越南等地亦有种植。15世纪欧洲的香料商人远征东方，将肉桂带到西方世界。肉桂具有独特的甘美甜香，但人们对它的喜恶两极化。最具代表性的，莫过于中国的五香粉以及瑞典的肉桂卷。

✔ 使用方法

桂皮具有抗菌、促进食欲、暖胃驱寒等功效。其馥郁甜香不仅适合融入炖煮、烘烤等咸味菜肴，与面粉类制作成面包糕点等，也令人回味无穷。可融入饮品及果酱中，例如，德国冬天会饮用的香料热红酒，就少不了肉桂这一味。

✔ 保存方式

干燥阴凉处，密封罐保存一年。使用时再磨碎。

✔ 料理好伙伴

米麦类、根茎蔬菜、鲜奶、烘焙类甜点、酒类。

八角
Star Anise

別名：八角茴香
木兰科八角属，乔木。
使用部位：果实

✔ 特性

八角是木兰科八角属的乔木植物所结下的果实。外形呈八角放射状故名八角。原产于中国，越南也大量种植。八角是中国五香粉中的其中一种香料。香气与茴香相似，但更浓郁，略带甘草的芳香甘甜，常见于台式卤香料包中。

✔ 使用方法

具有帮助消化、利尿等功效。适合炖煮的料理，尤以红烧最对味。可将根茎类蔬菜、圆白菜或白菜等一起炖煮，其芳香甘甜能使炖时蔬风味更升级。也适合酌量添加于甜点烘焙及饮品调酒中。

✔ 保存方式

干燥阴凉处，密封罐保存一年。

✔ 料理好伙伴

根茎蔬菜、圆白菜（白菜）、巧克力、酒类。

丁香
Clove

别名: 丁子香

桃金娘科蒲桃属, 乔木。

使用部位: 花蕾

✔ 特性

丁香是桃金娘科乔木植物的花蕾部分,花蕾在由绿转红时采收晒干,因外形似钉子而名为丁香。原产于桑给巴尔 (Zanzibar)、马达加斯加、马来西亚及斯里兰卡等地。丁香是中国五香粉及咖啡的原料之一,具有强烈浓郁的木质香气。

✔ 使用方法

具有抗菌、帮助消化、缓解腹痛、消除口臭、更具有局部镇定止痛效果,特别是牙痛止疼剂,可浸泡于浓度为50%酒液中,稀释一倍含于口腔中。适合炖煮的料理,尤以卤菜最合拍,也可作为腌渍食品的调和液,或酌量添加于烘焙糕点中。除了食用,也可以一支支插入柳橙或柠檬里成熏香球,是最天然的居家香氛品。

✔ 保存方式

干燥阴凉处,密封罐保存一年。

✔ 料理好伙伴

根茎蔬菜、烘焙类甜点。

马告
Litsea Cubeba

别名：山胡椒、山鸡椒
樟科山胡椒属，乔木。

使用部位：叶、果实

✔ 特性

马告属于樟科乔木的果实，是台湾少数民族传统料理中的常见香料。主要生长于全岛中低海拔的阔叶林中，春季开花夏季结果。目前在中国、日本、印度尼西亚、马来西亚等国的山区种植。

✔ 使用方法

富有柠檬的清香气息，具有舒缓、镇痛、消肿及安眠等功效。新鲜叶片及果实皆可泡茶饮用，可舒缓宿醉的头痛。其浓缩汁液可防蚊虫叮咬，或叮咬后止痒。其浓郁香气特别适合拿来腌渍或炖汤，也适合再制成单方调味油，或复合辣椒马告油。可以酌量添加于甜点中，能烘焙出如柠檬般香气的甜品。

✔ 保存方式

干燥阴凉处，密封罐保存一年。

✔ 料理好伙伴

根茎蔬菜、菇类、烘焙类甜点。

姜黄
Turmeric

姜科姜黄属，宿根性草本。
使用部位：花、根

✔ 特性

秋天花期会开出白色花朵，十分清雅脱俗，可当切花欣赏亦可食用。原产于南亚及东南亚一带，台湾前几年开始刮起一阵姜黄保健热潮。目前广泛种植，并再制成保健商品。新鲜姜黄切开，具有鲜黄色泽，故称为姜黄。目前市面也有另一款引进日本的红姜黄，色泽偏深。而两者都具有优质的天然姜黄素。

✔ 使用方法

姜黄独有的姜黄素，具有抗氧化、预防心血管疾病、去瘀活血、保护肝脏及缓解宿醉之效，近年也有研究证实，具有预防失智功效。姜黄带有一股土味，是咖喱香料中的重要主角，除了能添加独特的鲜黄色泽，也能替咖喱增加柔和甘甜味道。但姜黄用量不宜过多，易产生苦味。除了料理，也是很棒的染色剂。

✔ 保存方式

新鲜或干燥。但干燥易保存，阴凉处密封保存一年。

✔ 料理好伙伴

米麦类、根茎蔬菜。

lake, or another bay. A large bay is usually called a gulf, sea, sound, or bight. A cove is a type of smaller bay with a circular inlet and narrow entrance. A fjord is a particularly steep bay shaped by glacial activity.

A bay can be the estuary of a river, such as the Chesapeake Bay, an estuary of the Susquehanna River. Bays may also be nested within each other; for example, James Bay is an arm of Hudson Bay in northeastern Canada. Some bays, such as the Bay of Bengal and Hudson Bay, have varied marine geology.

The land surrounding a bay often reduces the strength of winds and blocks waves. Bays may have as wide a variety of characteristics as other shorelines. In some cases, bays have beaches, which are usually characterized by upper foreshore with a broad, flat fronting terrace. Bays were significant in the history of human because they provided safe places for fishing. Later they were important in the development of sea as the safe anchorage they provide encouraged their selection as ports.

Kaffir Lime

... called the kaffir lime, makrut lime, Mauritius papeda, a citrus fruit native to tropical South Asia and southern China. Its fruit and leaves are used in Southeast Asian cuisine and its essential oil is used in perfumery. Its rind and crushed leaves emit an intense citrus fragrance.

Cymbopogon, variously known as lemongrass, barbed wire grass, silky heads, Cochin grass or Malabar grass or oily heads, is a genus of Asian, African, Australian, and tropical island plants in the grass family. Some species (particularly Cymbopogon citratus) are commonly cultivated as culinary and medicinal herbs because of their scent, resembling that of lemons (Citrus limon). Other common names include barbed wire grass, silky heads, citronella grass, cha de Dartigalongue, among many others. The name cymbopogon derives from the Greek words kymbe (boat) and pogon (beard) "which mean [that] in most species, the hairy spikelets project from boat-shaped spathes."

Perilla

... consisting of one cultivated species: Perilla frutescens and a few wild species in nature belonging to the mint family, Lamiaceae. The genus encompasses several distinct varieties of Asian crop, including P. frutescens (deulkkae) and P. frutescens var. crispa (shiso). The genus name is frequently employed ... applicable Perilla varieties are cultivated ... specific naturally. Some varieties are considered invasive.

Stevia

... sugar substitute derived from the leaves of the plant native to Brazil and Paraguay. The active compounds ... (mainly stevioside and rebaudioside), which have 30 to 150 ... ar, are heat-stable, pH-stable, and not fermentable. ... ize the glycosides in stevia, so it contains zero calories ... ners. Stevia's taste has a slower onset and longer duration than that of sugar, and some of its ... ce-like aftertaste at high concentrations.

... as a food additive or dietary supplement varies from ... ty. In the United States, high- ... racts have been generally recognized as safe (GRAS) ... re allowed in food products. ... xtracts do not have GRAS or Food and Drug Adm ... proval for use in food. The

Stevia is a sweetener and sugar substitute derived from the leaves of the ... has been widely used as a sweetener ... species. Stevia rebaudiana, native to Brazil and Paraguay. The active co ... steviol glycosides (mainly stevioside and rebaudioside), which have 30 t ... the sweetness of sugar, are heat-stable, pH-stable, and not fermentable. ... does not metabolize the glycosides in stevia, so it contains zero calories ... artificial sweeteners. Stevia's taste has a slower onset and longer durat ... of sugar, and some of its extracts may have a bitter or licorice-like after ... concentrations.

The legal status of stevia as a food additive or dietary supplement varies from country to country. In ... States, high-purity stevia glycoside extracts have been generally recognized as safe (GRAS) since 200 ... allowed in food products, but stevia leaf and crude extracts do not have GRAS or Food and Drug A ... (FDA) approval for use in food. The European Union approved stevia additives in 2011, while in ... has been widely used as a sweetener for decades

Saffron

... Maluku Islands (or ... e commonly used as a ... he year due to ... countries.